入　門

量子コンピュータ

ゲナディ・P・ベルマン／ゲーリー・D・ドーレン
ロンニエ・マイニエリ／ウラジミール・I・チフリノビッチ
訳：松田和典

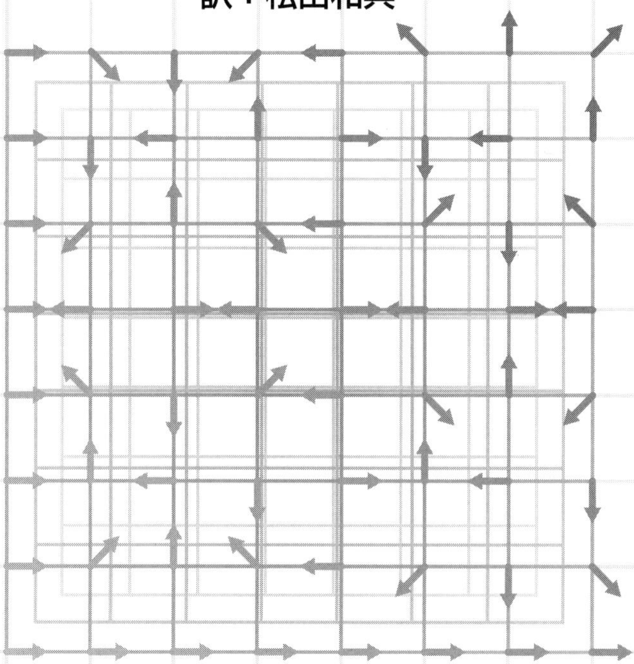

パーソナルメディア

Introduction to Quantum Computers

by

Gennady P. Berman
Gary D. Doolen
Ronnie Mainieri
Vladimir I. Tsifrinovich

序

量子計算の分野は急速に進展している．古典デジタルコンピュータでは処理するのが難しい問題を解くことが量子コンピュータに期待されている．量子アルゴリズムはいくつかの問題について計算時間を何桁も少なくすることができる．量子計算の主な利点は重ね合わせ（エンタングル）状態を用いることによる論理演算の迅速な並列処理である．機能する量子コンピュータを作るには，エンタングル状態の利用，量子データベースの生成，および量子計算アルゴリズムの実装といったいくつかの問題を解決しなければならない．

本書は量子計算がどのように動作するのか，そしてどのようにして多くのおもしろいことができるのかについて説明している．量子計算に興味を持っているが，原論文や専門誌を読むのが困難な学生や科学者にとって本書が役に立つようにした．

「はじめに」では量子計算のごく短い歴史について表す．チューリングの機械の基礎的な概念は第 2 章で説明する．第 3 章ではコンピュータ科学で広く使われている 2 進数系とブール代数について述べる．量子計算の初期のいくつかの発想については第 4 章で表す．次のような量子アルゴリズム，すなわち離散フーリエ変換や素因数分解についてのショアのアルゴリズムについて，簡単な例を用いながら第 5 および 6 章で議論する．第 7，8，9 章ではデジタルの論理ゲートを概観し，可逆および不可逆論理ゲート，そしてこれらのゲートを半導体デバイスやトランジスタに実装する方法について議論する．いくつかの重要な量子論理ゲートは第 10–14 章で議論する．ユニタリ変換のまとめと量子力学の初歩を第 15 章で与える．有限温度における量子力学は第 16 章で議論する．量子計算の現実的なの物理系への実装は第 17 章で考察する．第 18 および 19 章では，イオントラップにおける量子論理ゲートの実現について述べる．第 20，21，22 章では，核スピンの線形鎖における量子論理ゲートと量子計算について議論する．実験用論理ゲートとその功績と可能性については第 23 章で述べる．誤り訂正の最も簡単な方法は第 24 章で議論する．量子 CONTROL-NOT ゲートについては第 25 章で述べる．室温でのスピン集団における量子論理ゲートは第 26，27，28 章で議論する．まとめを第 29 章で与える．

この本は多くの著者が分担して執筆した．Berman，Tsifrinovich，Doolen は本書の初稿を作った．その後 Mainieri が加わり本書の図や表を作った．急激に変化している量子計算の分野において，入門の教科書として何を含めるかを判断するのは難しいが，われわれは本質的なところを含めたと考えている．

D. K. Ferry，L. M. Folan，R. Laflamme，D. K. Campbell には有益な議論をしていただいたことに，R. B. Kassman と R. W. Macek には原稿を読んで批評していただいたことに感謝する．量子論理ゲートの動作結果を与えていただいた G. V. López に感謝する．この仕事はナノテクノロジーに関する NATO 特別プログラム審査団によるリンケージ助成 93-1602，防衛先端研究プロジェクト局，ロスアラモス国立研究所の非線形研究センター理論部門を通してエネルギー部から資金援助を受けた．

1998 年 3 月

G. P. Berman,
G. D. Doolen,
R. Mainieri,
V. I. Tsifrinovich

目　　次

第1章 はじめに

現代物理学のコンピュータ科学と物資科学との接点には現在２つの方向がある．その１つはコンピュータチップ上により多くのデバイスを詰め込むのに奮闘している従来の方向である．この方向はナノテクノロジー〔ナノの尺度（10^{-9}m）の大きさの電子デバイスで構成されるテクノロジー〕の主要な焦点となっている．1980 年代後半より，世界中の研究者が従来の MOSFET（金属酸化物半導体構造電界効果型トランジスタ[1]）に代わる単一電子デバイスを作ろうとしている．これらのデバイスは１個の電子が移動して伝導領域に出入りすることによって動作する．単一電子デバイスはトランジスタ，記憶素子，論理ゲートの組立てブロックとして役に立つであろう [1]-[7]．単一電子トランジスタの電極（ゲート）に電圧をかけ，１個の電子を供給源から絶縁体で囲まれたある半導体の島（いわゆる「量子ドット」）へ移動させることが，今では室温で可能となるほどに進展した．いったん１個の電子がドットの中にあると，強いクーロン反発力（クーロン封鎖効果）により他の電子の侵入が妨げられる [5, 6]．トランジスタに流れる電流はドット内に蓄積した電子の数に依存し，情報の「書き込み」と「消去」を可能にする．別の有望な考えは自然発生のナノメータサイズの構造として分子を使い，分子デバイスを設計することである [5]，[8]-[11]．この部類のデバイスはナノメータの大きさでは支配的である量子力学を利用している．これらすべてのデバイスは通常の電流電圧特性によって記述され,「０」と「１」のビットの値を使って動作する従来のデジタルコンピュータにするのが目的である．

1（訳注）Metal-Oxide-Semiconductor-Field-Effect-Transistor

2つめの方法は，この本の主題の量子計算である．量子コンピュータは量子効果を用いてデジタル計算を高速化するというのではなく，古典デジタルコンピュータでは不可能な新しい量子アルゴリズム使うことが目的である．量子コンピュータでは情報は量子ビット，すなわち「キュービット」の「紐」として入力される．キュービットは量子の物体，たとえば異なる量子状態を持った原子（イオン）である．この状態のうちの2つがデジタル情報を保存するのに使われる．基底状態にある原子はキュービットの値の「0」に対応する．同じ原子の励起状態はキュービットの値の「1」に対応する．ここまでは，従来のデジタルコンピュータと比較した場合に，高密度のデジタル情報であること以外は何も新しいものはない．

量子コンピュータの最も重要な利点はキュービットの密度とは関係がない．異なる点は量子物理学により量子状態の重ね合わせの処理が可能になることである．1個の原子に対して,「0」と「1」に対応した2つの基本的な量子状態だけを使って無数の重ね合わせ状態を作り出すことができる．たとえば，E_0 と E_1 の2つの状態があるとすると，状態「0」と「1」で重ね合わせ状態を作ることができ，これの平均エネルギーは E_0 と E_1 の間のどのような値にも対応する．しかし，1原子のエネルギーを測定することにより，2つの結果，E_0 または E_1 のうちの1つだけ，つまり,「0」または「1」の状態が得られる．エネルギーの平均値を測定するためには，同等に用意された多くの原子を使わねばならない．

重ね合わせ状態を利用すると，同時に多くの異なる数を表す量子状態を使って作業ができる．これを「量子並列化」と呼んでいる．量子並列化の主な利点は何であろうか？ 和，積，冪乗といった効率的な計算のアルゴリズムがあれば，重ね合わせは必要ではない．しかし今日では，処理し難い問題，すなわち効率的なアルゴリズムがない問題がある．そのような非常に重要な問題の1つは整数の因数分解である．最も強力なデジタルコンピュータでも200桁の数の素因数分解に何千年もかかる．量子コンピュータは同時に多くの数が扱え,「観測者」にとって望ましい少しの数を結果として残す．望ましくない数は相殺的干渉によって除外される．この処理に対する例えには光線の鏡による反射がある．反射光は多くの異なる方向へ向かう光子の重ね合わせである．ただ1つの方向，すなわち反射の法則に対応した方向が自然界により選択される．量子計算は同じ効果，つまり「望ましい」方向における建設的干渉そしてその他のすべての方向における相殺的干渉を使う．

計算の過程において「0」と「1」の連続した明確な値を仮定しているデジタルのビットと違い，キュービットには他のキュービットとの状態の複雑な重ね合わせがともなっていることに注意してほしい．最終測定により重ね合わせが崩壊する計算の終了まで特定のキュービットの値が決定できない．量子計算の出力はデジタル計算の出力に非常によく似ている．出力はキュービットの状態の「電圧がある」(「1」で表される) と「電圧がない」(「0」で表される) を測定することによって得られるのと同じデータの並びである．たとえば，電磁パルスを作用させた後にイオンの励起準安定状態は蛍光を発し，それを電気信号に変換できる．同じ入力に対して，確率的なデジタル計算からの出力に一致する異なる出力を得ることができる．量子計算のもっと複雑な方法，たとえば，室温における核スピンの集団による計算では，出力は標準的な電磁気的手法により解析できる電磁気信号 (核の歳差運動による信号) である．

量子計算の歴史は1つの計算ステップで生成される最小の熱量に関する学問的な問題から始まった．1961年にLandauerはエネルギーの損失を必要とする論理処理だけが不可逆処理であることを示した [12]．このことは可逆で無損失の計算の可能性についてのBennetの発見につながった [13]．その後，制御ビットが1の値をとるときに標的ゲートの値を変える ($0 \to 1$ または $1 \to 0$) という有名な可逆 `CONTROL-NOT` ゲート (または `CN` ゲート) をToffoliが提起した [14]．Toffoliはまた可逆の3ビットゲート (`CONTROL-CONTROL-NOT`，または `TOFFOLI` ゲート) はデジタル計算に対して万能であること，つまり，これらのゲートの組み合わせによってどのようなデジタル計算も作れることを示した．

1980年代の初期に，量子コンピュータの着想がBenioff [15] とFeynman [16] により紹介された．彼等は，量子力学の状態によって表されるビットは可逆計算を提供する量子力学の演算子を作用することにより時間発展させることを示した．1989年にDeutschは3キュービットの万能量子論理ゲートを紹介

した [17]．彼は量子状態の重ね合わせを探究することによって，デジタル計算よりも量子計算がずっと強力になり得ることを示した．1993 年に Lloyd は弱く相互作用している原子の鎖に電磁パルスを使って共鳴遷移を誘発する量子計算の実装について提示した [18]．

1994 年に，整数の因数分解ができる最初の量子アルゴリズムを Shor が発見したことによって量子計算への関心に火がついた．L 桁の数の因数分解では，最も知られている古典デジタルコンピュータのアルゴリズムでは $\sim \exp(L^{1/3})$ の時間を要するのに対して，ショアのアルゴリズムでは L^2 に比例した時間を要する．速い因数分解のアルゴリズムは存在しないという現代の暗号学にとって，量子コンピュータは潜在的脅威を意味する．1995 年に，Barenco 等 [20] は，1 キュービットの回転の組み合わせによる 2 キュービットの CONTROL-NOT ゲートが量子計算にとって，万能であることを示した．この発見により量子 CONTROL-NOT ゲートが量子計算にとって基本的で重要なものとなった．同年に，Cirac と Zoller[21] は冷却により捕獲されたイオンにレーザ操作を使った量子計算の現実的な実装について提示した．最初の 2 キュービットの量子論理ゲートは，イオントラップのなかの単一 Be^+ イオンに対してシラク・ゾラー法を使って，Monroe 等 [22] が実証した．ロスアラモスにおけるイオントラップ型量子コンピュータの実験について非常に興味ある結果が参考文献 [23] に書かれている．Turchette 等は量子電磁キャビティのなかの偏光光子によって 2 キュービットの論理ゲートを実証した [24]．1995 年に Shor は量子誤り訂正符合に対する最初の方法を提示した [25]．彼の研究はこの問題について異なる方法で議論している多くの論文を刺激した．1996 年に，Grover[26]（[27] も参照）はパターン認識やデータ検索のための速い量子アルゴリズムを開発した．グローバーのアルゴリズムによればデータベースのなかの N 個の要素に対してある要素を検索するのに，古典的なアルゴリズムでは $N/2$ の試行であるのに対して，$\sqrt{N}$ の試行だけで済む．

1996 年に Gershenfeld，Chuang，Lloyd[28, 29]，そして同時期に，Cory，Fahmy，Havel[30] は室温での量子系集団による量子計算の可能性について示した．この着想の実験的な実装（これは液体分子において弱く相互作用している核スピンを利用する）については現在試されているところである [30]-[32]．

複雑な重ね合わせ状態の操作に頼る量子計算の考えと室温とは相いれないと思うかもしれない.（これらの「エンタングル状態」は個々の原子の状態についての積で表すことができない.）実際に，周囲との相互作用により重ね合わせ状態は急速に破壊する．これらの重ね合わせ状態はわれわれの「古典的」世界では「生き残る」ことがない．この量子コヒーレンスを失う現象は通例では「デコヒーレンス」と呼ばれる [33, 34]．デコヒーレンスには特有の時間スケールがある．デコヒーレンスの時間より短い時間スケールで量子計算をしなければならない．ゼロ温度における「純粋な」量子系と室温における量子系の集団（分子）の両方についてはこのことがあてはまる．デコヒーレンスに特有の時間は温度だけでなく系にも依存する．核スピンについては，このデコヒーレンス時間は室温であっても十分に長い．室温の集団を使って量子計算を実装するのを妨げる主な問題は次のようなことである．1 状態，たとえば基底状態だけが占有される副集団をどのようにして用意するのか？ この問題は参考文献 [28, 29, 30] のなかで解かれている．

実現可能な量子コンピュータの議論は研究の新しい分野，量子コンピュータのための物質科学である．この新分野ではデコヒーレンスの十分に長い固有時間を持つ媒質を見つけることが求められている．このデコヒーレンスの理論は複雑な量子状態の緩和過程についての理論である．この理論の将来の発展は量子計算において重大な影響を与えるかもしれない．しかし，デコヒーレンスに関わる問題は量子計算の主要な概念とは直接の関係がない．そのためこの本ではデコヒーレンスについては議論しない．

量子計算に関する解説論文の数の増加（たとえば，参考文献 [35]-[43] を参照）はこの分野の重要性が急激に成長していることを反映している．同時に，量子計算に興味を持つ多くの学生や科学者は，いくつかの異なった学問の知識を必要とするどのような研究にも共通した難しさに全面的に直面している．コンピュータ科学者は量子力学の概念や専門用語にはしばしばなじみがない．物理学者もコンピュータ科学について同じような問題を抱えている．この言語の壁を克服することが，この『入門量子コンピュータ』を書いた主な理由である．2 つ目の理由は量子論理ゲートのダイナミックスと量子計算の領域でわれわれが研究がしていることと関わっている．この本には量子計算と急速に発展しているこの分野の主方向を理解するのに必要な基礎物理学とコンピュータ科学についての情報が含まれている．われわれは厳密な証明を避け，主要な概念を明確にするために具体的な説明をすることに専念している．同時に，簡単な例に対しては，必要な計算のすべてを示した．読者には，しばしば全体の本質的理解の妨げとなる細かな事柄を省略することなく，概念がどのように機能するのかがわかるようになっている．

本書では文献で議論されてきた量子計算の主要な話題のほとんどすべてについて論ずる．ショアのアルゴリズムと離散フーリエ変換，量子計算に使われている量子力学的演算子（量子論理ゲート），イオントラップやスピン鎖による量子論理ゲートの物理的な実装について，室温における4スピン分子集団の解析を含めて考察する．また，量子誤り訂正，不完全共鳴パルスにより生じる誤り訂正，パルスの非共鳴作用によって生じる誤り訂正の最も簡単な仕組みについて論ずる．量子 CONTROL-NOT ゲートが基本的に重要であるため，われわれは本書にこのゲートの力学的動作の数値シミュレーションについてのわれわれの得た結果を含めた．またコンピュータ科学のいくつかの基本原理について，チューリングの機械，ブール代数，論理ゲートを含めて簡潔に報告している．これらはコンピュータ科学の学生にとってはおなじみの話題であるが，多くの物理学者にとってはそれほどなじみがない．また，多くのコンピュータ科学者にはおそらく知られていない量子力学の基礎原理について，これが必要と感じる箇所で説明している．

この入門書は量子計算に興味があるが原論文や専門誌を調べる時間がなかったり，調べる気になれない学生にとって利用価値があると思っている．われわれは非常に現実的な重要性を持つと期待されるこの新しい分野において新しい世代の研究者がこの本を役立ててくれることを望んでいる．また，この本により基礎的な量子現象に新しく深い認識が得られることを期待している．

第2章
チューリング機械（マシン）

最も単純な「理論的」デジタルコンピュータはチューリング機械（マシン）である[44, 45]．ここで「デジタル」という言葉はコンピュータが限られた数だけを扱うということを示している（量子力学の状態の重ね合わせはまったく使わない）．この機械はイギリスの数学者 A. M. Turing によって提案された．チューリング機械（マシン）には3つの部分，つまり図2.1のように区画化されたテープ，スキャナ，ダイアルがある．この機械は空白の区画のなかに記号Xまたは1を書き，それを消すことができる．どのような正の整数も1の並びで書くことができる．たとえば，5という数は11111という並びに対応する．記号Xは数がどこから始まって，どこで終わるのかを示している．たとえば，

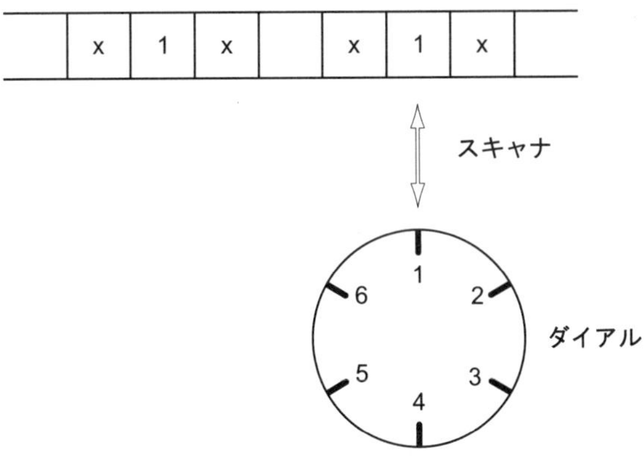

図2.1 チューリング機械（マシン）

表 2.1　チューリング機械（マシン）における加算のプログラム

ダイヤルの設定

スキャナの記号

		X	1
1	D6	E2	R1
2	R2	E3	?
3	R3	E4	E5
4	L4	?	R6
5	L5	?	R1
6	X6	!	R3

図 2.1 は和をとるために「用意」した数字の 1 が 2 つ示されている．加算のプログラムは表 2.1 に表されている．記号 D はテープの相当する区画のなかに「数字 1 を書け」という命令であり，X は「X を書け」を意味し，E は「消せ」を意味し，R は「テープを 1 区画だけ右に移動せよ」を意味し，L は「テープを 1 区画だけ左に移動せよ」を意味する．この文字の後にある 1 から 6 の数は「ダイアルの設定をこの数にせよ」という命令を示している．疑問符は「間違い」を表し，感嘆符は「仕事は完了」を意味する．

さて，加算処理を記述しよう．まず，スキャナがテープ上の数字 1 を探し，ダイアルの設定を 1 にする．(1,1) の交点上の命令は R1，つまり「テープを 1 区画だけ右に移動させ，ダイアルを 1 に設定せよ」である．2 番目の位置は図 2.2 に示されている．ここで，スキャナはテープ上の X を探し，ダイアルの設定は 1 である．2 番目の命令 (1,X) は E2 である，つまり「X を消し，ダイアルを 2 に設定せよ」である．3 番目の位置は図 2.3 に示されている．3 番目の命令 (2, □) は R2 である．図 2.3 の後に続く位置と命令を順に並べたものを表 2.2 に示す．枠のなかにある括弧内の数字はスキャナの位置でのダ

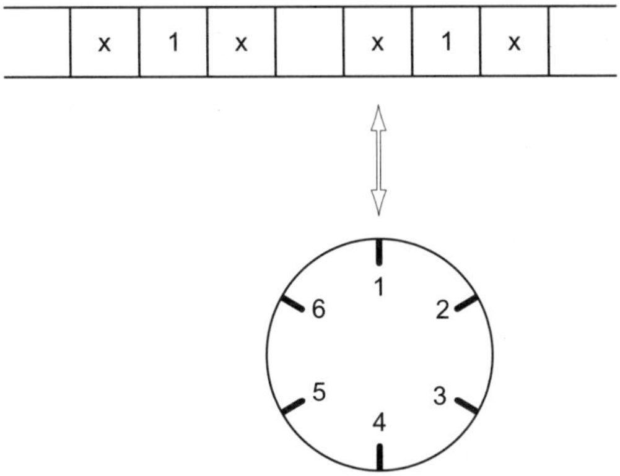

図 2.2　チューリング機械(マシン)の 2 番目の位置.

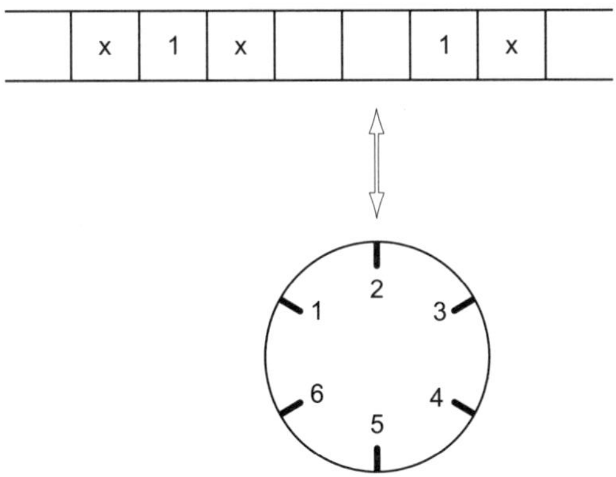

図 2.3　チューリング機械(マシン)の 3 番目の位置.

イアル設定を示している．たとえば，1(5) はスキャナが 1 の値になっている区画に位置し，ダイアル設定が 5 であることを示している．もしスキャナが空白の区画に位置し，ダイアル設定が 6 ならば，表 2.2 のなかでこれに対応する記法は (6) である．表 2.2 の最後の行は加算の結果，1 + 1 = 2 となることを示している．乗算のプログラムはダイアル上に 15 個の数が必要であるが，プログラム作成の考え方は同じである．

チューリング機械（マシン）はどのコンピュータにも共通している重要な要素を持っている．書き込みと消去の要素は，計算を実行する演算装置を表している．命令の表（表2.2）は制御装置である．テープやダイアルは記憶装置である．

表 2.2　図 2.3 の後に続く位置と命令を順に並べた表．

命令 →

x	1	x	(2)		1	x	R2
x	1	x(2)			1	x	E3
x	1	(3)			1	x	R3
x	1(3)				1	x	E5
x	(5)				1	x	L5
x		(5)			1	x	L5
x			(5)		1	x	L5
x				(5)	1	x	L5
x					1(5)	x	R1
x				(1)	1	x	D6
x				1(6)	1	x	R3
x			(3)	1	1	x	R3
x		(3)		1	1	x	R3
x	(3)			1	1	x	R3
x(3)				1	1	x	E4
(4)				1	1	x	L4
	(4)			1	1	x	L4
		(4)		1	1	x	L4
			(4)	1	1	x	L4
				1(4)	1	x	R6
			(6)	1	1	x	X6
			x(6)	1	1	x	!

第3章
2進法とブール代数

最も「現実的な」コンピュータは2進法を使っている．この数法ではどんな整数 N でも次のような形で表現される．

$$N = \sum_n a_n 2^n$$

ここで a_n は，0または1の値をとる．たとえば59=(111011)は，

$$59 = 1 \cdot 2^5 + 1 \cdot 2^4 + 1 \cdot 2^3 + 0 \cdot 2^2 + 1 \cdot 2^1 + 1 \cdot 2^0$$

に対する記法である．2つの数値の2と3を加える現実的な計算機を仮定しよう．$2 = 1 \cdot 2^1 + 0 \cdot 2^0$ および $3 = 1 \cdot 2^1 + 1 \cdot 2^0$ であるので，2進法における2つの数は，(10)および(11)となる．最初に，(右列の) 0と1を加えて1を得る．(右から2番目の列の) 1と1を加え，2番目の列に0を，3番目の列に繰り上げの1を得る．そのため，和は(101)に等しくなる．10進法では(101)は $1 \cdot 2^2 + 0 \cdot 2^1 + 1 \cdot 2^0 = 5$ になる．2進数の桁（ビット）に対する加算の表は表3.1のように与えられる．

表3.1では，A は第1番目の数のある列におけるビット値，B は第2番目の数の同じ列における値，C は右列からの加算による繰り上げ，S は和のビット値であり，D は次の桁への左繰り上げの値である．

この表の働きを調べるには，ブール代数の手法を使うと便利である[45]．この手法は本質的に役に立つ。というのは，下で議論するように，ブール代数によって書かれた表現は電気回路に実装するのが便利だからである．2値のブール代数は加算（表3.2a）と乗算（表3.2b）の表によって定義できる．ブール代数の用語では，2つの演算としてそれぞれ OR と AND の演算がしばしば

表 3.1　2 進法の加算の表

A	B	C	S	D
1	1	1	1	1
1	1	0	0	1
1	0	1	0	1
1	0	0	1	0
0	1	1	0	1
0	1	0	1	0
0	0	1	1	0
0	0	0	0	0

表 3.2　2 値のブール代数に対する (a) 加算と (b) 乗算の表.

(a)

	1	0
1	1	1
0	1	0

(b)

	1	0
1	1	0
0	0	0

引き合いに出される．表 3.2 の各表の最初の行と列にあるのは演算される数で，表 3.2 の内側にある数は結果の出力ビットの値を与える．

ブール代数によれば，表 3.1 の S に対する表式は，

$$S = \overline{(\bar{A}B + A\bar{B})}C + (\bar{A}B + A\bar{B})\bar{C} \tag{3.1}$$

と書ける．ここで「上線」は「補数」の意味である.（0 の補数は 1 で，1 の補数は 0）．例として，表 3.1 の第 2 行を調べてみよう．

$$A = 1, \quad B = 1, \quad C = 0$$

となっている．そのため，

$$\bar{A}=0,\quad \bar{B}=0,\quad \bar{C}=1$$

が得られる．表 3.2b によると，

$$\bar{A}B=0\cdot 1=0,\quad A\bar{B}=1\cdot 0=0$$

となり．つまり，表 3.2a によれば，

$$\bar{A}B+A\bar{B}=0+0=0\qquad \overline{\bar{A}B+A\bar{B}}=\bar{0}=1$$
$$\overline{(\bar{A}B+A\bar{B})}C=1\cdot 0=0$$

となる．式 (3.1) の 2 番目の項は $0\cdot 1=0$ に等しい．そのため，式 (3.1) の右辺の値は，$0+0=0$ となり，これは表 3.1 の第 2 行における S の値に等しい．D の表式は，

$$D=(\bar{A}B+A\bar{B})C+AB \tag{3.2}$$

と書ける．たとえば，表 3.1 の第 2 行に対しては，

$$(\bar{A}B+A\bar{B})C+AB=0\cdot 0+1\cdot 1=0+1=1$$

となり，これはこの行の D の値に等しい．

ここで，われわれはブール代数を使いながら，加算のための最も簡単で「現実的な」コンピュータとはどのようなものかということについて問うことができる．回路系を考えよう。各回路には 2 つの電流状態，つまり「電流が流れる」または「電流が流れない」がある．最初の状態は 2 進装置の 1 に 2 番目の状態は 0 に対応している．2 進法における数であればどれでもこの回路系を使って書くことができる．別の回路は 2 番目の数を保持する．図 3.1 において，左の回路 (A) は数値 2〔2 進法では (10)〕が入力されている．図 3.1 では，数値 2 は $A_3A_2A_1=010$ という形で表されている．右の回路 (B) では数値 3〔2 進法では (11)，つまり $B_3B_2B_1=011$〕が入力されている．ビット値の 1 はスイッチが閉じたことに対応している（回路に電流が流れる）．ビット値の 0 はスイッチが開いたことに対応している（回路に電流は流れない）．

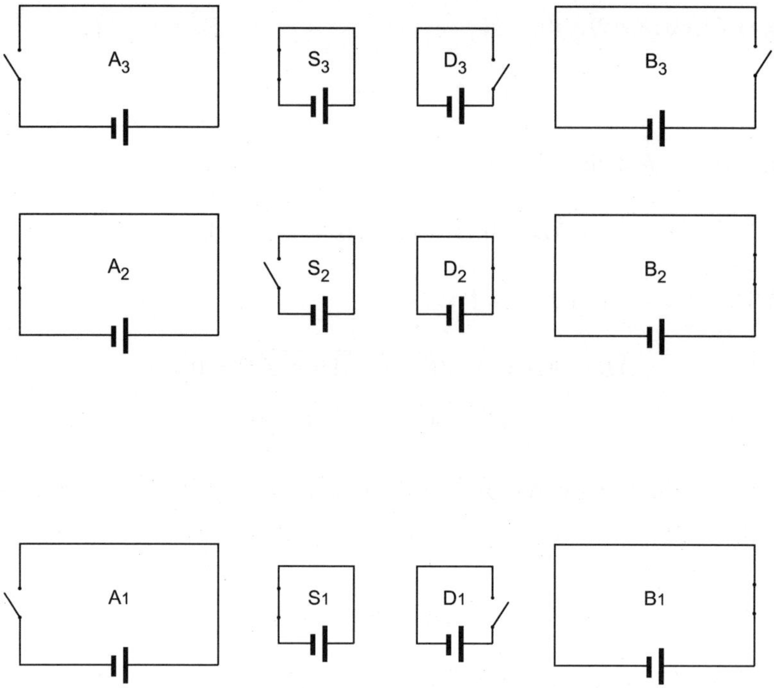

図 3.1　左回路系 $A_3A_2A_1$ は数値 2 が入力されている．右回路系 $B_3B_2B_1$ は数値 3 が入力されている．

左と右の回路の間に S および D の回路系を入れ，それぞれが和および繰り上がりの情報を保持する．主な問題は次のようである．すなわち S_1 と D_1 の値を得るのに A_1 と B_1 のビット値にどのような操作を加えるのか？ S_2 と D_2 の値を得るのに A_2,B_2,D_1 の値にどのような操作を加えるのか？ 等々．これを行うには式 (3.1) と式 (3.2) にしたがって処理する変換（論理ゲート）が必要である．

これらのゲートは回路系を使って設計できる．3 ビット A, B, C があると仮定しよう．これらは対応した 3 つの回路 A, B, C によって実装される．図 3.2 には 1 つの例としてビット A, B, C の値を $(\bar{A}B + A\bar{B})C$ 〔式 (3.2) の初項〕の値に変換するゲートを例示する．図 3.2 では，スイッチ「a」と「b」

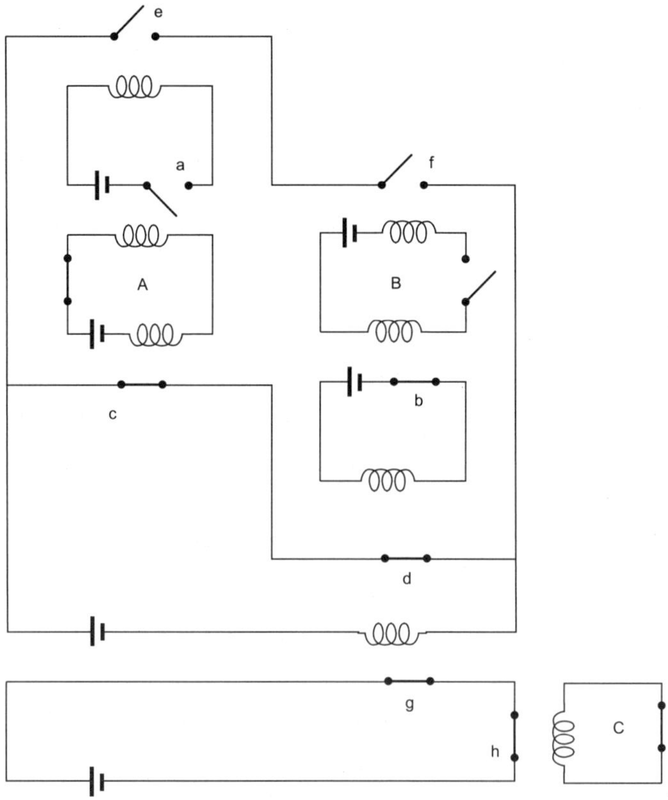

図 3.2　ビット A, B, C の値を，$(\bar{A}B + A\bar{B})C$ に変換する論理ゲートは，スイッチ「gh」を流れる電流によって示されている．

が，隣接のコイルに電流が流れていなければ，閉じているとしている．もし隣接のコイルに電流が流れていれば，コイルの磁場によりスイッチが開く．隣接のコイルに電流が流れていないならば，特別のバネはスイッチ「c」,「d」,「e」,「f」,「g」,「h」を閉じたままにする．コイルの電流は隣接のスイッチを閉じた状態にする．たとえばビット A の値が 1 であると仮定しよう．このとき回路 A に電流が流れる．この場合スイッチ「a」は開き，このスイッチを通る電流は流れない．回路 A に電流が流れていないならば，スイッチ「a」を通って流れる電流はない．このことはスイッチ「a」を通って流れる電流が A の補数 $\bar{A}$ になることを意味している．同様にして，スイッチ「b」を通って流れる電流は $\bar{B}$ の値に対応している．

次に，回路Bに電流が流れるときだけスイッチ「e」と「f」を流れる電流が得られ，またスイッチ「a」も閉じる．これはスイッチ「e」と「f」を通って流れる電流が，$\bar{A}B$（$\bar{A}=1$ かつ $B=1$ ならば $\bar{A}B=1$．その他は $\bar{A}B=0$）の値に対応することを意味している．これに類似しているが，スイッチ「e」と「f」を通って流れる電流は $A\bar{B}$ に対応している．隣接したコイルに電流が流れれば，すなわち，スイッチ「ef」または「dc」のどちらか1つに電流が流れれば，このスイッチ「g」は閉じる．このことは積の $\bar{A}B$ または $A\bar{B}$ のうちの1つが1ならばスイッチ「g」は閉じていることを意味している．そのため，$\bar{A}B+A\bar{B}=1$ のときにスイッチ「g」は閉じ，$\bar{A}B+A\bar{B}=0$ のときに開く．このようにして，この回路装置はブール加算または OR 処理を実装している．もし回路 C に電流が流れる，すなわち $C=1$ ならば，スイッチ「h」は閉じる．この場合を図3.2に示す．そこで，$\bar{A}B+A\bar{B}=1$ かつ $C=1$ の場合にのみ,「g」と「h」のスイッチに電流が流れる．これはスイッチ「gh」を流れる電流が $(\bar{A}B+A\bar{B})C$ の値に対応することを意味している．これに類似して，もっと複雑な方法を使って式(3.1)の S や式(3.2)の D の値に対応した電流が流れる回路を配線することができる．現代のコンピュータでは複雑な回路が小さなシリコントランジスタを使って組み立てられているが，ビット値を変換する論理ゲートの主要な考え方は同じである．

第4章
量子コンピュータ

「現実的な」デジタルコンピュータでは，情報は一連のビットで符号化されている.「量子」コンピュータでは，情報を運ぶ素子は量子状態である．たとえば，原子の2つの量子状態，すなわち基底状態と励起状態を使うことができる．この量子系では基底状態 $|0\rangle$ または励起状態 $|1\rangle$ のどちらかが占有される．量子コンピュータはビットの密度が著しく増える状況だけを与えると考えるかもしれない．しかし，その実態はもっと強力である．量子系では基底状態や励起状態の $|0\rangle$ または $|1\rangle$ ばかりか，これら2つの状態の線形結合（重ね合わせ）状態もまた占有されている．このことが「ビット」という用語の代わりに「キュービット」（量子ビット）という新しい用語が導入された理由である．量子計算の最も重要な利点は量子並列化の技術が使えるということであり，古典的な大型の並列コンピュータよりもずっと強力な量子計算機を生み出すことができる．

決定論的な計算のためにキュービットの重ね合わせをどのように使うのか不思議に思うであろう．事実，上で考えた決定論的な計算に対しては，量子系の基底状態と励起状態が使えるだけである．そのため，この場合にはビットとキュービットの区別はない．量子計算では，計算が決定論的ではないために，新しい状況が現れる．コンピュータにその計算ステップをランダムに実行させることは，ときどき，都合がよい．この種の計算を確率的計算と呼ぶことができよう [39]．通常は，最終的な答に到達するのに多くの異なる行程があり，その行程にはそれぞれの確率がある．もし非常に速い行程の確率が十分に高いならば，その答はとりわけ迅速に見つかる．つまり確率的計算は決定論的な計算の代わりに使える．たとえば，決定論的な計算に使った加算の速いアルゴリズムがある．しかし因数分解には速いアルゴリズムがない．ある数の因数を見つけるために，2から始まるすべての自然数を順番に試すか（決定論的な方法），ある制限のついた数をランダムに試すことができる（確率的方法）．

もし量子状態の重ね合わせを使うならば，計算は確率的になるが，古典的な確率的計算とは違う．量子系が終状態（最終的な答）に到達するには，多くの可能性をもつ異なった方法があるが，どの方法も確率によってではなく，確率振幅によって記述できる．確率振幅は複素数であり，その和をゼロにすることができる（または互いにキャンセルする）．正しい答が高い確率で残り，正しくない答が互いにキャンセルするならば，量子コンピュータは有効であろう．

以下では，主にEkertとLozsaの論文[39]に従って，Shorによる効率的な計算の量子アルゴリズムについて議論する．計算の効率は計算時間と関わっており，入力の大きさの関数となる．計算に要する時間が，入力の大きさについての多項式関数よりも速く増加しないのであれば，そのアルゴリズムは効率的である．たとえば，数値 N にはおおむね $L=\log_2 N$ ビットが必要である．（L ビットを用いれば，0から 2^L-1 までのどのような数でも入力できる．）もし N の因数を計算する効率的なアルゴリズムが存在すれば，その計算ステップ数 S は L の多項式以下でなければならない．どのような合成数 N であっても $(1,\sqrt{N})$ の範囲に因数があることが知られている．この範囲内で N の因数を見つけるために各数を試すならば，少なくとも $S=\sqrt{N}=2^{L/2}$ 個のステップが必要である．関数 $S(L)$ は L に指数関数的に依存する．そのため，この決定論的なアルゴリズムは効率的ではない．効率的なデジタルアルゴリズムを持たない問題に対して量子アルゴリズムが効率的であれば，量子コンピュータはデジタルコンピュータに比べて有利である．

最初の効率的な量子アルゴリズムはShorが周期関数の周期を見つけることにより発明した[19]．以下では簡単な周期関数の例 $f(x)$（ここで x は整数，$0,1,2,\cdots$，だけを取る）を使いながら量子アルゴリズムについて述べる．問題は関数 $f(x)$ の周期をショアのアルゴリズムを使って見つけることである．2列のキュービットがあると仮定する．変数 x の値を保持するキュービットの列

を X 列（レジスタ）と呼ぶ．関数 $f(x)$ の値を保持するキュービットの列を Y 列（レジスタ）と呼ぶ．たとえば，周期 $T=2$ を持つ関数 $f(x)=\cos(\pi x)+1$ を考えてみよう．もし変数 x が 5 の値をとるならば，関数の値は $f(5)=0$ である．x と $f(x)$ の値は 2 つのレジスタの X および Y が次のような状態になっていることに対応していて，ディラック記法を使った 2 進法で書けば

$$X: \quad |000...101\rangle; \qquad Y: \quad |000...000\rangle$$

となる．以下ではレジスタ X と Y の状態を表す記法，$|x,f(x)\rangle$，を使う．上で考えた場合については，

$$|x,f(x)\rangle = |000...101, 000...000\rangle$$

または 10 進数記法では，

$$|x,f(x)\rangle = |5,0\rangle$$

となる．以下では，もっと複雑な状態 $|k,f(n)\rangle$ とこれらの重ね合わせ $\sum_{k,n} c_{k,n}|k,f(n)\rangle$ を使う．

ショアのアルゴリズムによれば，レジスタ X は初期にすべてのデジタル状態の一様な重ね合わせ状態に置かれている．たとえば，レジスタ X が 3 キュービットから成っているならば，$2^3=8$ 個のデジタル状態の一様な重ね合わせは，

$$X: \frac{1}{\sqrt{8}}(|000\rangle+|100\rangle+|010\rangle+|001\rangle+|011\rangle+|101\rangle+|110\rangle + |111\rangle) \qquad (4.1)$$

である．〔関数 $f(x)$ の値をあらかじめ知っておく必要はない．これらの値を量子コンピュータが並列に計算を行う [19]．x の任意の値に対する関数 $f(x)$ を計算する標準的なデジタルアルゴリズムが存在する（参考文献 [39] 参照）．このデジタルアルゴリズムは可逆デジタルゲートにより実現できる．そのため，これらのゲートは量子論理ゲートによって置き換えることができるが，その場合，ゲートは 2 キュービットの CONTROL-NOT ゲートと 1 キュービットの回

転から構成できる．量子論理ゲートは状態 $|x,0\rangle$ の重ね合わせに作用し，状態 $|x,f(x)\rangle$ の重ね合わせを生成する．具体例は第 17 章で与える.〕10 進数記法では，この式は，

$$X: \quad \frac{1}{\sqrt{8}}(|0\rangle+|1\rangle+|2\rangle+|3\rangle+|4\rangle+|5\rangle+|6\rangle+|7\rangle) \tag{4.2}$$

と書くことができる重ね合わせである．すでに計算の最初の段階の式 (4.1) と (4.2) からわかるように，量子力学的な手法により，デジタルコンピュータでは不可能である「数の重ね合わせ」が使えるようにしている．レジスタ Y は，以前のように，すべてのキュービットに対して基底状態 $|0\rangle$ を維持している．次に，2 つのレジスタの全系 XY を状態の一様な重ね合わせで置き換える．

$$\Psi=\frac{1}{\sqrt{8}}\sum_x |x,f(x)\rangle$$

これは 10 進数記法では次のような重ね合わせになる．

$$\Psi=\frac{1}{\sqrt{8}}(|0,f(0)\rangle+|1,f(1)\rangle+|2,f(2)\rangle+|3,f(3)\rangle+$$
$$|4,f(4)\rangle+|5,f(5)\rangle+|6,f(6)\rangle+|7,f(7)\rangle) \tag{4.3}$$

図 4.1 のベクトル図は式 (4.3) の重ね合わせ状態を表している．実際には，式 (4.3) の関数 Ψ はレジスタ X と Y を表す原子系の波動関数である．次に，ショアのアルゴリズムによれば，レジスタ X は次の規則に従って変換する．

$$|x\rangle \Rightarrow \frac{1}{\sqrt{8}}\sum_{k=0}^{7} e^{2\pi ikx/8}|k\rangle \tag{4.4}$$

ここで x と k は 10 進数記法で書かれている．たとえば，状態 $|5\rangle$ は次の重ね合わせ状態に変換する．

$$|5\rangle \Rightarrow \frac{1}{\sqrt{8}}(|0\rangle+e^{10\pi i/8}|1\rangle+e^{20\pi i/8}|2\rangle+\cdots+e^{70\pi i/8}|7\rangle)$$

変換式 (4.4) はレジスタ X に対する離散的なフーリエ変換である．さて，この離散的なフーリエ変換式 (4.4) を式 (4.3) の波動関数 Ψ に適用しよう．そ

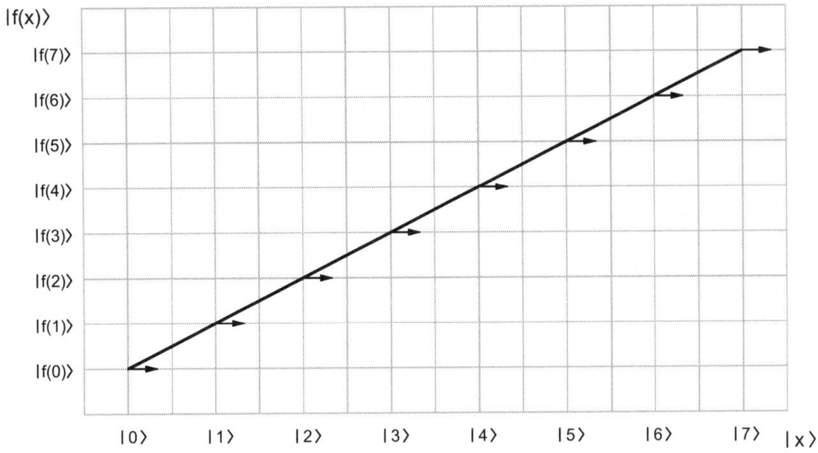

図 4.1　式 (4.3) の状態の重ね合わせに対するベクトル図．$|x\rangle$ と $|f(x)\rangle$ の交点上のベクトルはすべて式 (4.3) のなかの対応した項 $|x, f(x)\rangle$ の振幅を表している．ベクトルの長さは複素振幅の係数（この場合は $1/\sqrt{8}$）に比例している．ベクトルの方向と平行線とのなす角度は複素振幅の位相 φ（この場合は 0）である．

の結果，次の新しい波動関数を得る．

$$\Psi' = \frac{1}{8}\sum_{x,k=0}^{7} e^{2\pi ikx/8}|k, f(x)\rangle =$$

$$\frac{1}{8}|0\rangle\{|f(0)\rangle + |f(1)\rangle + |f(2)\rangle + \cdots + |f(7)\rangle\}+$$

$$\frac{1}{8}|1\rangle\{|f(0)\rangle + e^{2\pi i/8}|f(1)\rangle + e^{2\pi i2/8}|f(2)\rangle + \cdots + e^{2\pi i7/8}|f(7)\rangle\}+$$

$$\frac{1}{8}|2\rangle\{|f(0)\rangle + e^{4\pi i/8\rangle}|f(1)\rangle + e^{4\pi i2/8}|f(2)\rangle + \cdots + e^{4\pi i7/8}|f(7)\rangle\}+$$

$$\cdots$$

$$\frac{1}{8}|7\rangle\{|f(0)\rangle + e^{14\pi i/8}|f(1)\rangle + e^{14\pi i2/8}|f(2)\rangle + \cdots + e^{14\pi i7/8}|f(7)\rangle\} \quad (4.5)$$

ここで $|0\rangle|f(0)\rangle$ は $|0, f(0)\rangle$ を意味し，$|0\rangle|f(1)\rangle$ は $|0, f(1)\rangle$ を意味する，等々．波動関数 Ψ' は図 4.2 のベクトル図によって表される．波動関数の式 (4.5) は，レジスタ X の離散的なフーリエ変換をした後のレジスタ X と Y に含まれる

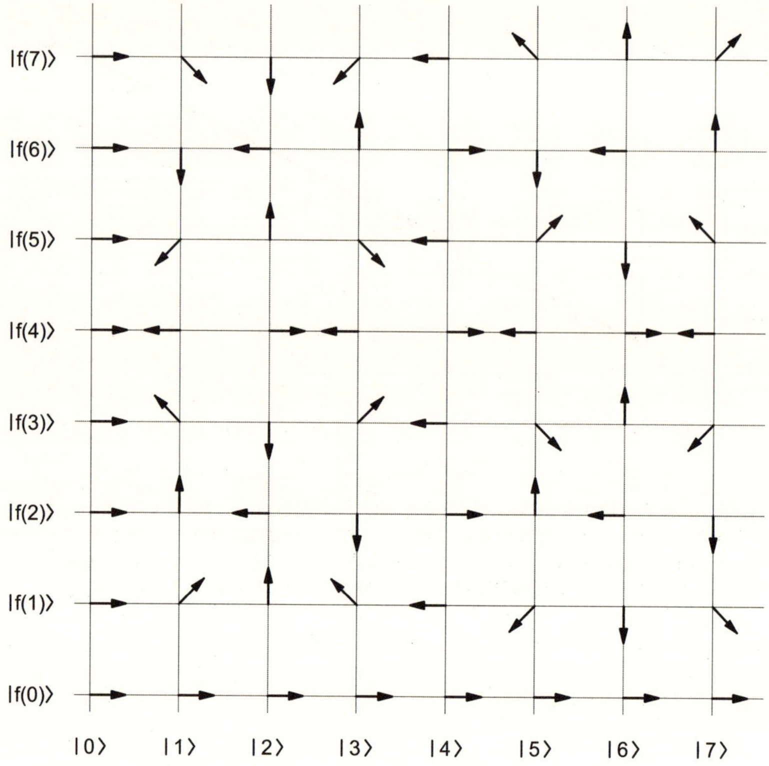

図 4.2　波動関数の式 (4.5) に対するベクトル図．各ベクトルの長さは 1/8.

キュービットに対応した原子（イオン）系のエンタングル（混ざった）状態を記述している．ショアのアルゴリズムによれば，レジスタ X の状態を測定することによって周期関数 $f(x)$ を見つけることができる．後で物理的な量子力学系においてこの関数をどのように実装するのかについて説明しよう．

たとえば，関数 $f(x)$ には周期 $T = 2$ があり，すなわち $f(0) = f(2) = f(4) = f(6)$ および $f(1) = f(3) = f(5) = f(7)$ となっていると仮定する．この場合には，式 (4.5) を，

$$
\begin{aligned}
\Psi' = &\frac{1}{2}|0\rangle\{|f(0)\rangle + |f(1)\rangle\}+\\
&\frac{1}{8}|1\rangle\left\{|f(0)\rangle\left(1+e^{(1\cdot 2/8)2\pi i}+e^{(1\cdot 4/8)2\pi i}+e^{(1\cdot 6/8)2\pi i}\right)+\right.\\
&\left.|f(1)\rangle\left(e^{(1\cdot 1/8)2\pi i}+e^{(1\cdot 3/8)2\pi i}+e^{(1\cdot 5/8)2\pi i}+e^{(1\cdot 7/8)2\pi i}\right)\right\}+\\
&\frac{1}{8}|2\rangle\left\{|f(0)\rangle\left(1+e^{(2\cdot 2/8)2\pi i}+e^{(2\cdot 4/8)2\pi i}+e^{(2\cdot 6/8)2\pi i}\right)+\right.\\
&\left.|f(1)\rangle\left(e^{(2\cdot 1/8)2\pi i}+e^{(2\cdot 3/8)2\pi i}+e^{(2\cdot 5/8)2\pi i}+e^{(2\cdot 7/8)2\pi i}\right)\right\}+\\
&\frac{1}{8}|3\rangle\left\{|f(0)\rangle\left(1+e^{(3\cdot 2/8)2\pi i}+e^{(3\cdot 4/8)2\pi i}+e^{(3\cdot 6/8)2\pi i}\right)+\right.\\
&\left.|f(1)\rangle\left(e^{(3\cdot 1/8)2\pi i}+e^{(3\cdot 3/8)2\pi i}+e^{(3\cdot 5/8)2\pi i}+e^{(3\cdot 7/8)2\pi i}\right)\right\}+\\
&\frac{1}{8}|4\rangle\left\{|f(0)\rangle\left(1+e^{(4\cdot 2/8)2\pi i}+e^{(4\cdot 4/8)2\pi i}+e^{(4\cdot 6/8)2\pi i}\right)+\right.\\
&\left.|f(1)\rangle\left(e^{(4\cdot 1/8)2\pi i}+e^{(4\cdot 3/8)2\pi i}+e^{(4\cdot 5/8)2\pi i}+e^{(4\cdot 7/8)2\pi i}\right)\right\}+\\
&\cdots
\end{aligned}
\tag{4.6}
$$

と書き換えることができる．たとえば，レジスタ X に状態 $|1\rangle$ が含まれている式 (4.6) の項を考えてみよう．最初の括弧のなかの複素振幅は，

$$0, \quad \pi/2, \quad \pi, \quad (3/2)\pi \tag{4.7}$$

の位相がある．結局，これらの振幅は互いにキャンセルする．2 番目の括弧のなかの複素振幅には，

$$\pi/4, \quad 3\pi/4, \quad 5\pi/4, \quad 7\pi/4 \tag{4.8}$$

の位相があり，これらも $\pi/2$ だけ異なっている．そのため，対応する複素振幅は，また，互いにキャンセルする．下に 4 つの状態に対応した位相を表す．

$$
\begin{aligned}
&|2, f(0)\rangle: \quad 0, \quad \pi, \quad 2\pi, \quad 3\pi\\
&|2, f(1)\rangle: \quad \pi/2, \quad 3\pi/2, \quad 5\pi/2, \quad 7\pi/2\\
&|3, f(0)\rangle: \quad 0, \quad 3\pi/2, \quad 3\pi, \quad 9\pi/2\\
&|3, f(1)\rangle: \quad 3\pi/4, \quad 9\pi/4, \quad 15\pi/4, \quad 21\pi/4
\end{aligned}
\tag{4.9}
$$

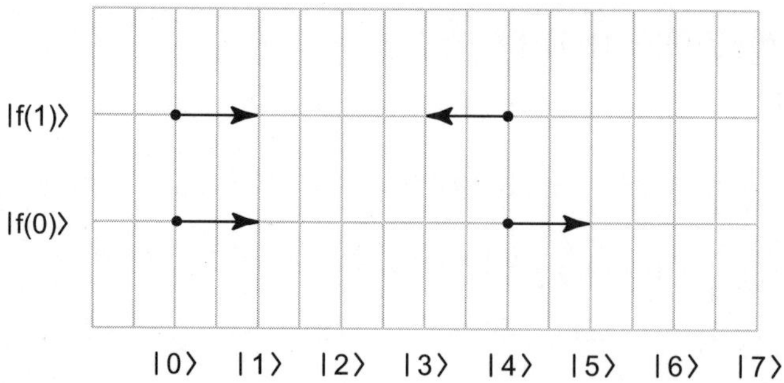

図 4.3　波動関数 Ψ' の式 (4.12) に対応したベクトル図．この図は $f(0)=f(2)=f(4)=f(6)$ および $f(1)=f(3)=f(5)=f(7)$ のとしたときの同じ状態 $|i,j\rangle$ に対応したベクトル (振幅) を加えることによって図 4.2 から得られる．各ベクトルの長さは 1/2.

これらのすべての関数については，式 (4.6) のなかの対応した複素振幅が互いにキャンセルする．関数 $|4,f(0)\rangle$ を含んだ式 (4.6) の項に対して，対応した位相，

$$0,\quad 2\pi,\quad 4\pi,\quad 6\pi \tag{4.10}$$

が得られる．これは複素振幅に対して建設的干渉を与える．同じことが位相

$$\pi,\quad 3\pi,\quad 5\pi,\quad 7\pi \tag{4.11}$$

を持つ関数 $|4,f(1)\rangle$ に対して正しい．最後的に，式 (4.6) から Ψ' として，

$$\Psi' = \frac{1}{2}\{|0,f(0)\rangle + |0,f(1)\rangle + |4,f(0)\rangle + e^{i\pi}|4,f(1)\rangle\} \tag{4.12}$$

が得られる．

この波動関数 Ψ' は図 4.3 のベクトル図によって図式的に表されている．この場合には，レジスタ X の状態の測定により，数値の 0 または 4 が得られる．これらにはそれぞれ 1/2 の確率がある．ショアのアルゴリズムによれば，レジスタ X の状態の測定により k の値，

$$k = 0,\ \ D/T,\ \ 2D/T,\ \ 3D/T\ \ ,...,\ \ \frac{(T-1)D}{T} \tag{4.13}$$

のうちの 1 つが得られる．ここで D はレジスタ X が取りうるデジタル状態の数 (D が T で割り切れる場合) である．この場合については，$D = 2^3 = 8$.

式 (4.12) にあたる波動関数において，レジスタ X の状態を測定すると，k の値が $k=0$ または $k=4$ となっていることがわかる．これらの測定と式 (4.13) を考慮することにより，$T=8/4=2$ となることが結論づけられる．

この測定の過程において，量子アルゴリズムによって多くの整数値 k が得られるならば（ここで，k は D/T の倍数で，D は全状態数である），関数 $f(x)$ の周期 T をどのようにして見つけるのか？ という疑問が残る．D が T によって厳密に割り切れるという簡単な場合を考えよう．たとえば，$T=8$ と仮定する．レジスタ X の状態 (k の値) の測定結果がわかっているときに，どのようにしてこの数 $T=8$ を得るのかを考えよう．次のような仮定をする．

$$D = 2^7 = 128 \tag{4.14}$$

式 (4.13) から，レジスタ X の状態の測定により次の 8 つの k の値のうちの 1 つが得られることになる．

$$k = 0,\quad 16,\quad 2\cdot 16 = 32,\quad 3\cdot 16 = 48,\ \ldots,\quad 7\cdot 16 = 112 \tag{4.15}$$

たとえば，k の値を測定して，80 という値を得たとしよう．この場合は D/k として，

$$\frac{D}{k} = \frac{128}{80} \tag{4.16}$$

が得られる．128 と 80 の最大公約数は見つけることができ[1]，

$$\frac{D}{k} = \frac{8}{5} \tag{4.17}$$

が得られる．この分数の分子は周期 T に等しい．他の k の値については，式 (4.15) から，

$$\frac{D}{k} = 8,\quad 4,\quad \frac{8}{3},\quad 2,\quad \frac{4}{3},\quad \frac{8}{7} \tag{4.18}$$

が得られる．D/k の最小の項〔式 (4.18) 参照〕を約分すると，分子の最大値 8 が得られ，これは周期 T に等しい．この値が得られる確率は十分に高く，$W=1/2$ である[2]．

---

[1]（訳注）これにはユークリッドのアルゴリズム（第 6 章参照）という効率的なアルゴリズムがあり，古典的デジタルコンピュータで計算することができる．

[2]（訳注）総計で 8 つの k の値のうち，$D/k = 8,\ 8/3,\ 8/5,\ 8/7$ に対応する 4 つの k の値により正しい周期 T が得られるため $W=1/2$ となる．

このようにして，レジスタ X の状態の量子測定により，等しい確率で，

$$k = m\frac{D}{T}, \qquad m = 0, 1, 2, ..., T-1 \tag{4.19}$$

が生じる．最小の項のうちの分数，

$$D/k = T/m \tag{4.20}$$

には最大分子があり，もし T と m に1以外の公約数がないならば，これは周期 T に等しい．この事象は，われわれが望むものに近い成功確率を持った効率的な計算を得るのに十分足りる，高い確率であることが示される．

上で述べたアルゴリズムを手短にまとめよう．量子力学的手法を使えば，変数 x のすべての可能な値の重ね合わせが含まれている式(4.5)のような波動関数 Ψ' が設計できる．量子コンピュータはこれらのすべての数を「試し」，レジスタ X の「望ましい」測定値，つまり D/T の倍数を持つ状態の重ね合わせを自動的に選択する．量子アルゴリズムは決定論的であるが，出力は確率的であることに注意．量子コンピュータの最も重要な利点は x のすべての可能な値を同時に（並行に）試すということである．しかし，この「量子並列化」は，望ましくない（誤りの）数値が互いにキャンセルし x の正しい値のみが残るので，多くの計算ステップを必要としない．上で考察した場合においては，これらの正しい値は同じ確率で現れた．

第 5 章
離散的なフーリエ変換

第 4 章で述べた量子アルゴリズムには離散的なフーリエ変換の式 (4.4) を使用している．問題は，量子力学の演算子によってこの変換をどのように記述するのか，ということである．量子力学的な演算子の適用に基づいたフーリエ変換の効率的なアルゴリズムは Coppersmith と Deutsch が提案した（参考文献 [39] 参照）．レジスタ X には L 個のキュービットがあり，それが 0 から 2^{L-1} までの任意の数 x を保持すると仮定する．任意の数 x（10 進数記法で）は状態，

$$|x\rangle = |x_{L-1}x_{L-2}...x_1x_0\rangle = |x_{L-1}\rangle \otimes |x_{L-2}\rangle \otimes ...|x_1\rangle \otimes |x_0\rangle \qquad (5.1)$$

で表される．ここで，

$$x = \sum_{i=0}^{L-1} x_i 2^i, \qquad (x_i = 0,\ 1) \qquad (5.2)$$

式 (5.1) の記号 $\otimes$ はテンソル積を意味し，L キュービットの基本状態に対する別の記法を表す．以下では記号 $\otimes$ を省略する．j 番目の原子を表すキュービットだけに作用する 1 キュービット（1 原子）の演算子 A_j を導入しよう．この演算子は j 番目のキュービットの 2 つの基本状態，$|0_j\rangle$ と $|1_j\rangle$ を適当に「混ぜる」ように意図されている．演算子 A_j の明示的な形は，

$$A_j = 2^{-1/2}(|0_j\rangle\langle 0_j| + |0_j\rangle\langle 1_j| + |1_j\rangle\langle 0_j| - |1_j\rangle\langle 1_j|) \qquad (5.3)$$
$$(j = 0\ ,...,\ L-1)$$

である．演算子 $|i_j\rangle\langle k_j|$ の状態 $|n_j\rangle$ への作用は規則，

$$|i_j\rangle\langle k_j|\cdot|n_j\rangle=\delta_{kn}|i_j\rangle \tag{5.4}$$

$$\delta_{kn}=\begin{cases}1, & k=n\\ 0, & k\neq n\end{cases}$$

によって定義される．行列表現では，演算子 $|n_j\rangle\langle m_j|$ は n 行 m 列（行と列はゼロから数える）の行列要素だけがゼロでない．たとえば，

$$|0_j\rangle\langle 1_j|=\begin{pmatrix}0 & 1\\ 0 & 0\end{pmatrix}_j \tag{5.5}$$

指標 j は，行列式 (5.5) が j 番目のキュービットの状態〔式 (5.1) の状態 $|x_j\rangle$〕にのみ作用することを示している．

また，j と k 番目のキュービットの状態に作用する 2 キュービットの演算子を導入しよう．

$$B_{jk}=|0_{jk}\rangle\langle 0_{jk}|+|1_{jk}\rangle\langle 1_{jk}|+|2_{jk}\rangle\langle 2_{jk}|+e^{i\theta_{jk}}|3_{jk}\rangle\langle 3_{jk}|$$
$$\theta_{jk}=\frac{\pi}{2^{k-j}} \tag{5.6}$$

式 (5.6) では，次の記法を使っている．

$$|0_{jk}\rangle=|0_j0_k\rangle,\qquad |1_{jk}\rangle=|0_j1_k\rangle$$
$$|2_{jk}\rangle=|1_j0_k\rangle,\qquad |3_{jk}\rangle=|1_j1_k\rangle \tag{5.7}$$

式 (5.4) を考慮すると，1 キュービットの演算子 A_j がキュービットの基本状態に作用する規則，

$$A_j|0_j\rangle=\frac{1}{\sqrt{2}}(|0_j\rangle+|1_j\rangle)$$
$$A_j|1_j\rangle=\frac{1}{\sqrt{2}}(|0_j\rangle-|1_j\rangle) \tag{5.8}$$

が得られる．式 (5.4) を使えば，式 (5.6) から，

$$B_{jk}|0_{jk}\rangle=|0_{jk}\rangle,\qquad B_{jk}|1_{jk}\rangle=|1_{jk}\rangle,\qquad B_{jk}|2_{jk}\rangle=|2_{jk}\rangle$$
$$B_{jk}|3_{jk}\rangle=\exp(i\pi/2^{k-j})|3_{jk}\rangle \tag{5.9}$$

が得られる．式 (5.9) から演算子 B_{jk} は状態,

$$|3_{jk}\rangle = |1_j, 1_k\rangle$$

だけを，位相をずらして変化させる．量子力学的な演算子 A_j と B_{jk} によって波動関数を離散的なフーリエ変換することができる．これを行うために，式 (5.1) の状態 $|x\rangle$ に演算子 A_{L-1} をかける．次に，この結果として得られる状態に演算子 $(A_{L-2}B_{L-2,L-1})$ をかける．この後，次のような演算子,

$$(A_{L-3}B_{L-3,L-2}B_{L-3,L-1}) \tag{5.10}$$

$$(A_{L-4}B_{L-4,L-3}B_{L-4,L-2}B_{L-4,L-1}) \tag{5.11}$$

等々をかける．波動関数の式 (4.3) によって記述したここの例では，次のような 3 つの演算子群，すなわち A_2，その後に (A_1B_{12})，その後に $(A_0B_{01}B_{02})$ をかける．その結果,

$$A_0B_{01}B_{02}A_1B_{12}A_2|x\rangle \tag{5.12}$$

が得られる．たとえば,

$$|x\rangle = |2\rangle = |x_2x_1x_0\rangle = |010\rangle \tag{5.13}$$

と仮定しよう．この右辺では，これらのキュービットは順に書かれているため，キュービットの位置を示す指数は省略した．このとき，式 (5.8) を使えば，最初のステップの後に,

$$\begin{aligned} A_2|x\rangle &= A_2|2\rangle = A_2|x_2\rangle|x_1\rangle|x_0\rangle = A_2|0\rangle|1\rangle|0\rangle \\ &= \frac{1}{\sqrt{2}}(|0\rangle + |1\rangle)|1\rangle|0\rangle \end{aligned} \tag{5.14}$$

が得られる．その後のステップにより，次の結果が得られる．

$$
\begin{aligned}
B_{12}A_2|2\rangle &= B_{12}\cdot\frac{1}{\sqrt{2}}(|0\rangle+|1\rangle)|1\rangle|0\rangle \\
&= \frac{1}{\sqrt{2}}\left\{|0\rangle|1\rangle|0\rangle + e^{i\pi/2}|1\rangle|1\rangle|0\rangle\right\} \\
A_1B_{12}A_2|2\rangle &= \frac{1}{2}\left\{|0\rangle(|0\rangle-|1\rangle)|0\rangle + e^{i\pi/2}|1\rangle(|0\rangle-|1\rangle)|0\rangle\right\} \\
&= \frac{1}{2}\left\{|0\rangle|0\rangle|0\rangle - |0\rangle|1\rangle|0\rangle + e^{i\pi/2}|1\rangle|0\rangle|0\rangle - \right. \\
&\qquad \left. e^{i\pi/2}|1\rangle|1\rangle|0\rangle\right\}
\end{aligned} \tag{5.15}
$$

演算子 B_{02} は状態 $|1k1\rangle$ にのみ影響するので，式 (5.15) の最後の状態を変えない．演算子 B_{01} もまた状態 $|k11\rangle$ にのみ影響するので，式 (5.15) の最後の状態を変えない．

最終的に，演算子 A_0 をかけた後に，式 (5.13) の状態 $|010\rangle$ から次のような状態が得られる．

$$
\begin{aligned}
&\frac{1}{\sqrt{8}}\{|0\rangle|0\rangle(|0\rangle+|1\rangle) - |0\rangle|1\rangle(|0\rangle+|1\rangle) + \\
&\qquad e^{i\pi/2}|1\rangle|0\rangle(|0\rangle+|1\rangle) - e^{i\pi/2}|1\rangle|1\rangle(|0\rangle+|1\rangle)\Big\} \\
&= \frac{1}{\sqrt{8}}\{(|000\rangle+|001\rangle) - (|010\rangle+|011\rangle) + \\
&\qquad i(|100\rangle+|101\rangle) - i(|110\rangle+|111\rangle)\}
\end{aligned} \tag{5.16}
$$

ここで，キュービットを逆転させて，最終的な波動関数，

$$
\begin{aligned}
&\frac{1}{\sqrt{8}}\{(|000\rangle+|100\rangle) - (|010\rangle+|110\rangle) + \\
&\qquad i(|001\rangle+|101\rangle) - i(|011\rangle+|111\rangle)\}
\end{aligned} \tag{5.17}
$$

を得る．「キュービットの逆転」の演算は，たとえば 3 つのキュービットの場合には，$|ijk\rangle \to |kji\rangle$ となることを意味している．実際には，量子力学的な「キュービットの逆転」の演算はかけない．そのかわり，フーリエ変換（第 4 章参照）の後にレジスタ X の状態を測定し，測定結果を逆順に読む．

10 進数記法では，式 (5.17) は状態，

$$
\frac{1}{\sqrt{8}}\{(|0\rangle+|4\rangle) - (|2\rangle+|6\rangle) + i(|1\rangle+|5\rangle) - i(|3\rangle+|7\rangle)\} \tag{5.18}
$$

である．$|x\rangle = |2\rangle$ に対しては，式 (5.18) が式 (4.4) に等しくなることは簡単に確かめられる．そのため，演算子の式 (5.12) によって離散的なフーリエ変換が実行できる！

L キュービットに対する離散的なフーリエ変換は，L 個の演算子 A_j と $[0+(L-1)]L/2$ 個の演算子 B_{jk} が必要であることに注意．そのため，計算ステップの数は L の 2 次関数になる．したがって，このアルゴリズムは効率的である．

第6章 整数の量子因数分解

ある周期関数の周期を見つける量子アルゴリズムは，Shor[19] が整数の因数分解をするために使った．われわれは数 $N = 30$ を例として使い，このアルゴリズムについて述べる．最初に数 y を，y と N の最大公約数が 1 となるようにランダムに選ぶ．〔もし $y(1 < y < N)$ をランダムに選ぶならば，2 つの数の最大公約数が 1 となる確率は $1/\log_2 N$ より大きくなることがよく知られている [39]．ユークリッドによる最大公約数を見つけるための効率的なアルゴリズム[1]は後で述べる．〕次に，数 N を因数分解する Shor の方法について述べる．周期関数,

$$f(x) = y^x \ (\mathrm{mod}\ N), \qquad x = 0,\ 1,\ 2,\ 3,\ ... \tag{6.1}$$

を考えよう．ここで，$a\ (\mathrm{mod}\ b)$ は a/b の余りである．$N = 30$ に対して，ランダムに $y = 11$ と選ぼう．したがって，式 (6.1) から,

$$\begin{aligned} f(0) &= 1\ (\mathrm{mod}\ 30) = 1 \\ f(1) &= 11\ (\mathrm{mod}\ 30) = 11 \\ f(2) &= 11^2\ (\mathrm{mod}\ 30) = 1 \end{aligned} \tag{6.2}$$

なぜならば $11^2 = 121 = 4 \cdot 30 + 1$．さらに,

$$\begin{aligned} f(3) &= 11^3\ (\mathrm{mod}\ 30) = 11, \qquad (11^3 = 1331 = 44 \cdot 30 + 11) \\ f(4) &= 11^4\ (\mathrm{mod}\ 30) = 1, \qquad (11^4 = 14641 = 488 \cdot 30 + 1) \end{aligned} \tag{6.3}$$

[1] （訳注）ユークリッドの互除法とよばれる．

関数 $f(x)$ の周期 T は，明らかに $T = 2$ である．この周期は第 4 章で述べた方法によって見つけることができる．数 N の因数を見つけるために，$z = y^{T/2} = 11^1 = 11$ を計算する．$(z+1, N) = (12, 30)$ の最大公約数は 6 である．$(z-1, N) = (10, 30)$ の最大公約数は 10 である．数値の 10 と 6 は共に 30 の因数である．これが，量子アルゴリズムによって関数 $f(x)$ に対して周期 T が得られる場合の，数 N の 2 つの因数を見つける方法である．

この因数分解法はたまに失敗する．たとえば，T が奇数である場合にこのようなことが起こる．しかし，y をランダムに選ぶのであれば，失敗の確率は小さい [39]．特に，上で考察した $N = 30$ の場合には，関数 $f(x) = y^x \pmod{30}$ の関数は 30 に対するいかなる共通の素数にも偶数周期がある $(1 < y < 30)$.

$$
\begin{aligned}
T &= 2, \qquad y = 11,\ 19,\ 29 \\
T &= 4, \qquad y = 7,\ 13,\ 17,\ 23
\end{aligned}
\tag{6.4}
$$

ここで扱う計算では，2 つの数の N と y の最大公約数を見つけねばならない．これはユークリッドのアルゴリズムを使って効率的に行える．たとえば，数値の 12 と 30 に対しては，30 を 12 で割って，

$$
30 = 2 \cdot 12 + 6 \tag{6.5}
$$

次に，商 12 を余り 6 で割り，$\frac{12}{6} = 2$.（もし余りがゼロに等しくないならば，余りがゼロになるまで，割り算を繰り返す.）最後のゼロでない余り（この例では 6 ）が最大公約数である．

第7章 論理ゲート

ビットやキュービットのいかなる変換も，最も簡単な論理ゲートの組み合わせを使ったハードウェアにより実装できる．デジタルコンピュータについては，最も簡単な論理ゲートは，単一ビット NOT ゲートまたは N ゲート（1 ビット入力のゲート）である．初期（入力）a_i と最終（出力）b_f の値に対する真理値表を表 7.1 に与える．このゲートはビットの値を変える．

$$b_f = \bar{a}_i, \qquad a_i = 0,\ 1 \tag{7.1}$$

電流の回路を使えば，N ゲートは図 7.1 に示されているような実装ができる．図 7.1 では，下側の回路に電流が流れないときには ($a_i = 0$)，上側の回路のスイッチは閉じる ($b_f = 1$)．もし $a_i = 1$ ならば，すなわち下側の回路が閉じているならばコイルの磁場により上側の回路のスイッチが開いて，$b_f = 0$ になる．

最も簡単な 2 ビットのゲートは乗算と加算のブール演算に対応している．（ブール加算の真理値表を表 7.2 に表す.）この表は，0 を「偽」および 1 を

表 7.1 NOT ゲートの真理値表.

a_i	b_f
0	1
1	0

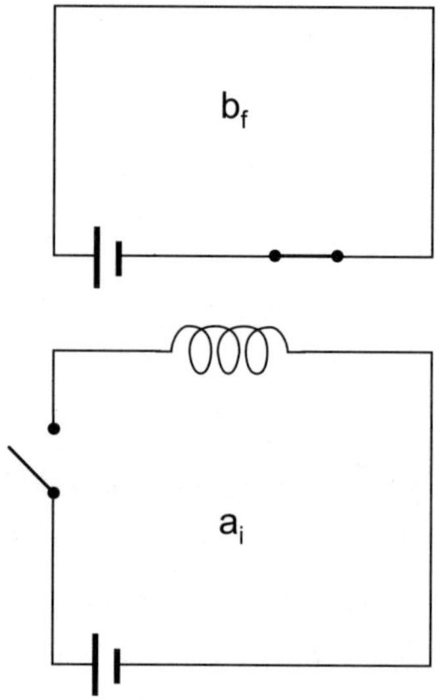

図 7.1 NOT ゲートの物理的実装.

「真」と考えるならば，論理演算「AND」の真理値表に対応する．このことは，この論理ゲートを「AND ゲート」と呼ぶ理由である．

2番目の2ビットゲート（ブール加算）の真理値表は論理演算「OR」(表7.3）に対応する．図 7.2 と図 7.3 には，表 7.2 と表 7.3 で表されるゲートの実装を与える．

AND ゲートは，上側の回路のスイッチが隣のコイルによって引かれる場合には閉じる．そのため，下側の両回路に電流が流れていれば（$a_i = b_i = 1$），上側の回路に電流が流れることが可能である（$c_f = 1$）．OR ゲートについては，a_i または b_i のどちらかのスイッチ，または両方のスイッチが閉じていれば（$a_i = 1$ または $b_i = 1$，または $a_i = b_i = 1$），下側の部分に電流が流れることが可能である（$c_f = 1$）．

これらの3つのゲートを組み合わせることにより，どのような真理値表も構成できる．たとえば，式 (7.4) の真理値表を持つ EXCLUSIVE-OR(XOR) ゲートが欲しいと仮定する．この演算は $\oplus$ によって示され，

表 7.2　ブール乗算（AND ゲート）に対する真理値表.

a_i	b_i	c_f
0	0	0
0	1	0
1	0	0
1	1	1

$$c_f = a_i b_i$$

表 7.3　ブール加算（OR ゲート）に対する真理値表.

a_i	b_i	c_f
0	0	0
0	1	1
1	0	1
1	1	1

$$c_f = a_i + b_i$$

表 7.4　EXCLUSIVE-OR ゲートに対する真理値表.

a_i	b_i	c_f
0	0	0
0	1	1
1	0	1
1	1	0

$$c_f = a_i \oplus b_i$$

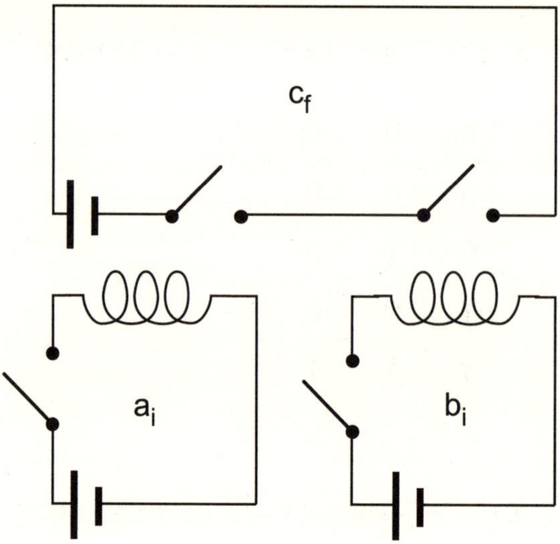

図 7.2 AND ゲートの物理的実装.

$$c_f = a_i \oplus b_i \tag{7.2}$$

mod 2 の和に対応している．この演算は入力の値の 1 つだけが 1 であれば，出力に 1 を与える．その他の場合には，出力は 0 である．

XOR ゲートを設計するために，ブール演算によって XOR ゲートに対する真理値表が書ける．表 7.4 の 2 つのデジタル行，すなわち $a_i = 1, b_i = 0$ の第 2 行，および $a_i = 0, b_i = 1$ の第 3 行が $c_f = 1$ を与える．第 2 行は積 $\bar{a}_i b_i$ に対応し，第 3 行は $a_i \bar{b}_i$ に対応している．最終的な式は，

$$c_f = \bar{a}_i b_i + a_i \bar{b}_i \tag{7.3}$$

となる．たとえば，$a_i = 1$ および $b_i = 0$ の場合には，

$$\bar{a}_i = 0, \quad \bar{b}_i = 1, \quad \bar{a}_i b_i = 0, \quad a_i \bar{b}_i = 1$$
$$\bar{a}_i b_i + a_i \bar{b}_i = 1 \tag{7.4}$$

を得る．式 (7.3) は N，OR，AND ゲートを使って実現できる．図 3.2 において

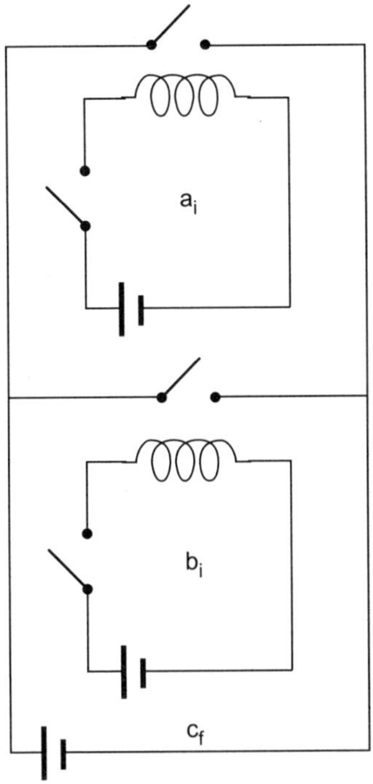

図 7.3　OR ゲートの物理的実装.

スイッチ「h」を閉じ，A を a_i に，B を b_i に置き換えれば，下側の回路の電流は XOR ゲートの真理値表を実装したことになる.

第8章 トランジスタを使った論理ゲートの実装

ここでは参考文献 [46] に従って，半導体論理ゲートの主要な概念について述べる．通常のコンピュータでは，トランジスタはスイッチとして使われる．トランジスタは少量の不純物が入った半導体（普通はシリコン）を用いて作られている．もし加えた不純物により電子が過剰になるならば（n 形半導体），伝導バンド（電流が流れることのできる電子の許容エネルギー領域）に自由電子が追加される．もし加えた不純物により電子が欠乏するならば（p 形半導体），価電子バンドには正電荷のように振る舞う「ホール」が追加される．n 形と p 形半導体の薄片を付け合わせると，電子は n 形から p 形半導体の方向だけに流れることができる．そのため，この 2 つの薄片による系は，電池

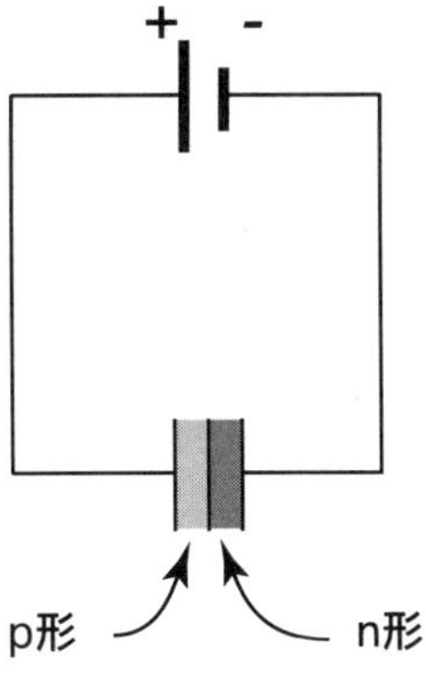

図 8.1 n 形と p 形半導体の薄片による系は，電池の負極が n 形半導体に接続されている場合だけ電流が流れる．

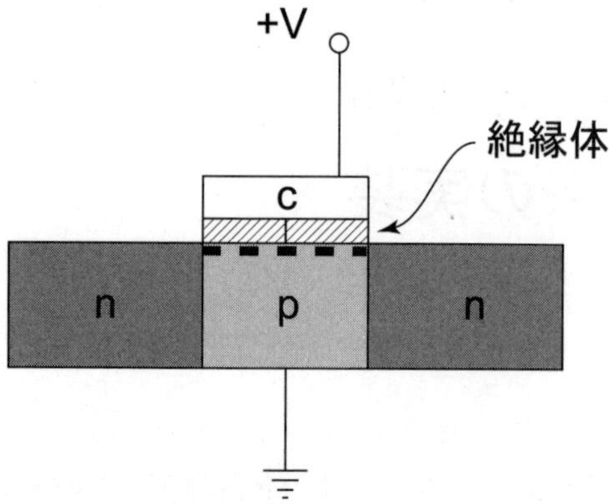

図 8.2　金属酸化物半導体構造電界効果型トランジスタ（MOSFET）．p は p 形半導体，n は n 形半導体．c は導体．記号 ⏚ は，接地を意味する．

の負極が n 形半導体に接続されている場合だけ導通する（図 8.1）．シリコンは古典的な半導体の例である．これは 4 つの価電子を持っている．シリコンに 5 つの価電子を持つリンを少量だけ加えたと仮定する．シリコン結晶格子ではこれらの電子のうちの 4 つが格子内で原子を保持し，各不純物原子は 4 つのシリコン原子と結合する．リンの 5 番目の電子は自由に動ける．そのため，自由電子が過剰になる．これが n 形半導体である．3 つの価電子を持つボロンを加えた場合は，この原子が余剰の電子を捕獲する．この不純物原子は 4 つのシリコン原子と結合するが，今度は 1 つの原子で電子が欠乏する．これが p 形半導体である．純粋のシリコンでは，伝導バンドにある電子密度 n_e は価電子バンドにあるホール密度 n_p に等しい．n_e と n_p はともに温度に依存する．(積 $n_e n_p$ は不純物を加えた場合でも変化しない.)

p 形半導体と導体層が酸化物絶縁体による薄い層で分離されていると仮定する．図 8.2 では,「p」は p 形シリコン,「c」は導体,「n」は n 形半導体を示している．導体層「c」に正電圧をかけると，n 形半導体の電子は酸化物絶縁体の下に引き寄せられる．n 形半導体間に電圧をかけるならば，これらの電子によって形成された層に電流が流れる．(これらの電子は図 8.2 に細かく縦線

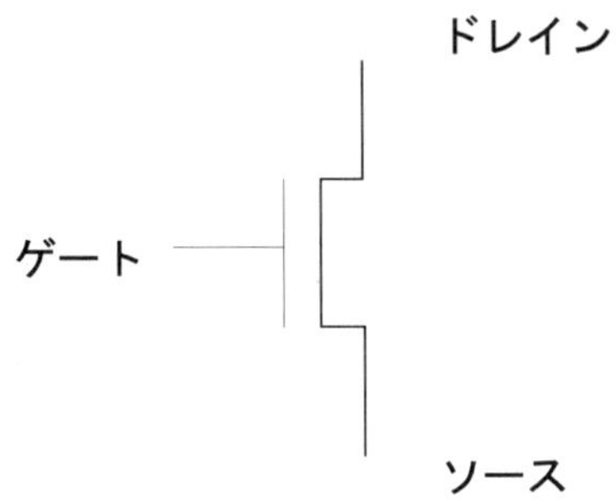

図 8.3 通常の MOSFET の記号.

を入れた領域で示されている.）そのため，隣接したコイルの磁場の代わりに電圧 $+V$ によって作動できるスイッチが得られる．このトランジスタの中の n 形半導体を「ソース」および「ドレイン」と呼び，導体を「ゲート」と呼んでいる．この全系は MOSFET（金属酸化物半導体構造電界効果型トランジスタ）として知られている．ソースとドレイン間の電流は，ゲートとソース間の電圧がある臨界値を越えた場合に流れる．通常の MOSFET の記号を図 8.3 に示す．ドレインとソースとの間の電位差は正である ($V_d > V_s$)．ゲートを開かせるためには，上で述べたようにゲートとソースの間の電位差 $V_g - V_s$ がある臨界値を越えなければならない．典型的には，$V_d - V_s \sim 5$V であり，$V_g - V_s$ の臨界値はおよそ $0.2(V_d - V_s)$ である.（ここでは n 形 MOSFET だけについて述べている．p 形 MOSFET も存在する.）

NOT ゲート トランジスタの簡単な構成を図 8.4 に示す．ここで $+V_{ds}$ はドレインとソース間の電圧，R は抵抗である．トランジスタの抵抗値は抵抗器の抵抗値よりずっと小さいと仮定する．ゲートとソース間の電圧 V_{gs} が臨界電圧を越えるならば（$a_i = 1$），電流はトランジスタを通って流れ，出力電圧（すなわち「出力」接点と接地との間の電位差）はほぼゼロに等しい（$b_f = 0$）．反対の場合には（$a_i = 0$），トランジスタは電流を通さず，出力と接地の間の電位差はおよそ V_{ds} に等しくなる（$b_f = 1$）．

AND と OR ゲートの代わりに，2 つのトランジスタを使って，NOT AND (NAND)

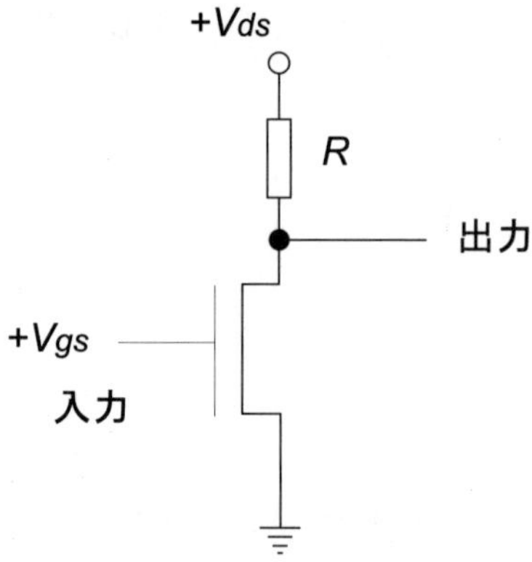

図 8.4　トランジスタによる NOT ゲート.

表 8.1　NAND ゲートに対する真理値表.

a_i	b_i	c_f
0	0	1
0	1	1
1	0	1
1	1	0

$$c_f = \overline{a_i b_i}$$

および NOT OR（NOR）ゲートのトランジスタが容易に設計できる．NAND ゲートの真理値表を表 8.1 に示す．図 8.5 は NAND ゲートのトランジスタによる実装を示す．以前のように，$a_i = 1$ はゲートの電位（V_{gs}）が臨界値を越え，トランジスタが導通することを意味している．$a_i = 1$ および $b_i = 1$ ならば，両方のトランジスタが開き，結果的に $c_f = 0$ （c_f 接点と接地との電位差は非常に小さい）．他の場合については，両方のトランジスタが閉じるか，どちらか 1 つが閉じ，$c_f = 1$ となる．

NOR ゲートに対する真理値表を表 8.2 に示す．NOR ゲートのトランジスタによる実現を図 8.6 に示す． もし，図 8.6 において $a_i = b_i = 0$，すなわち a_i 接点と b_i 接点の電位が臨界値より低いならば，両方のトランジスタは閉じ，

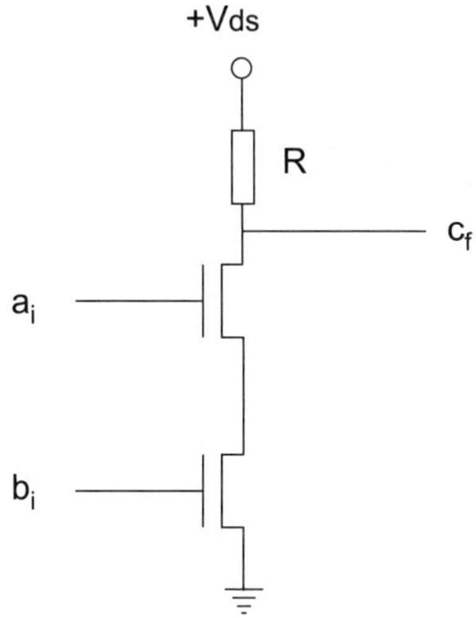

図 8.5 NAND ゲートのトランジスタ．

表 8.2 NOR ゲートに対する真理値表．

a_i	b_i	c_f
0	0	1
0	1	0
1	0	0
1	1	0

$$c_f = \overline{a_i + b_i}$$

$c_f = 1$，すなわち c_f 接点と電源（接地）との間の電位差はほぼ V_{ds} に等しい．他の場合には，両方のトランジスタまたはどちらかのトランジスタが開き，$c_f = 0$ となる．

ここまでは，初期値および最終値に対して異なるビットを使った論理ゲートの実装について考えてきた．たとえば，第 7 章で N ゲート（図 7.1）を考えたときに，「a」および「b」の 2 つのビットがあった．N ゲートは「a」ビットの値（これを初期値 a_i と呼ぶ）を，「b」ビットの値（これを最終値 b_f と

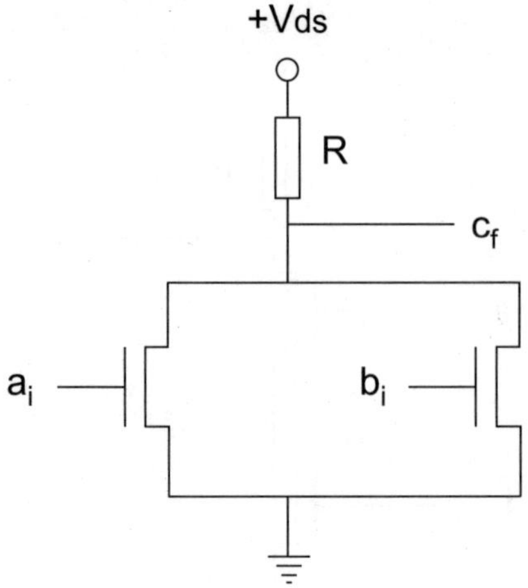

図 8.6 NOR ゲートのトランジスタ.

呼ぶ）に変換する．図 7.1 では，一方の電子回路が「a」ビットに対応している．他方の回路が「b」ビットに対応している．以下では，同回路が「a」と「b」に対応した論理ゲートであり,「b」は「a」が変換された値であると考える．これらのゲートは広く使われ，量子計算の理論において重要である．たとえば，N ゲートは 1 つの「a」ビットだけを用いて演算できる．そのため，このビットの最終値 a_f は初期値の補数に等しくなり $a_f = \bar{a}_i$ である．

第9章 可逆論理ゲート

論理ゲートの出力がわかっているときに，それの入力が再構成できるならば，そのゲートを可逆と呼ぶ．たとえば，N ゲートは可逆である．事実，出力が $a_f = 0$ ならば，入力が $a_i = 1$ であることがわかり，逆もまた正しい（表 7.1 参照．そこでは b_f の代わりに a_f を置かねばならない）．AND ゲートは明らかに不可逆である（表 7.2 参照．そこでは c_f の代わりに a_f を置かねばならない）．事実，出力が $a_f = 0$ ならば，(a_i, b_i) の対が (0,0)，(0,1)，(1,0) のうちのどれに等しいかは言えない．同じことは OR，XOR，および NOR ゲートについても当てはまる．ハミルトニアンの式による古典力学および量子力学はともに可逆過程だけを記述している．そのため量子力学的な論理に基づくコンピュータは可逆論理ゲートだけを含まねばならない．表 9.1 に 2 ビットの CONTROL-NOT（CN）可逆ゲートに対する真理値表を示す．第 1 番目のビット a は制御ビットと呼ばれている．制御ビットは CN ゲートが作用した後でも変

表 9.1 可逆 CN ゲートに対する真理値表．

a_i	b_i	a_f	b_f
0	0	0	0
0	1	0	1
1	0	1	1
1	1	1	0

化しない．第2番目のビット b は標的ビットと呼ばれている．CN ゲートは制御ビットの値が1に等しければ，標的ビットの値を変える．CN ゲートについては，

$$a_f = a_i, \qquad b_f = \begin{cases} b_i, & a_i = 0 \text{ の場合} \\ \bar{b}_i, & a_i = 1 \text{ の場合} \end{cases} \tag{9.1}$$

または，

$$b_f = a_i \oplus b_i \tag{9.2}$$

と書くことができる．CN ゲートをかけた後でも情報が失われていないことは明らかであり，出力 a_f および b_f がわかれば，入力 a_i と b_i が決定できる．CN ゲートに対する通常のグラフを図 9.1 に示す． 図 9.1 のなかで丸のついた矢は b_f の値が $a_i = a_f$ の値に依存することを示している．表 9.2 には3ビットの可逆ゲート，つまり CONTROL-CONTROL-NOT（CCN）ゲートに対する真理値表を示す．CCN ゲートには値が変わらない2つの制御ビットの a と b，および $a_i = b_i = 1$ の場合だけ値を変える標的ビット c が含まれている．CCN ゲートに対するグラフを図 9.2 に示す．CCN ゲートは万能ゲートである [14]．$a_i = b_i = 1$ と置くと $c_f = \bar{c}_i$ であり，N ゲートが得られる．$a_i = 1$ と置くと，表 9.3 に示された真理値表が得られる．$b_f = b_i$ および $c_f = b_i \oplus c_i$ であることがわかる．そのため CN ゲートが得られる．$c_i = 0$ ならば，表 9.4 で表される真理値表が得られる．表 9.4 から，

$$c_f = a_i b_i \tag{9.3}$$

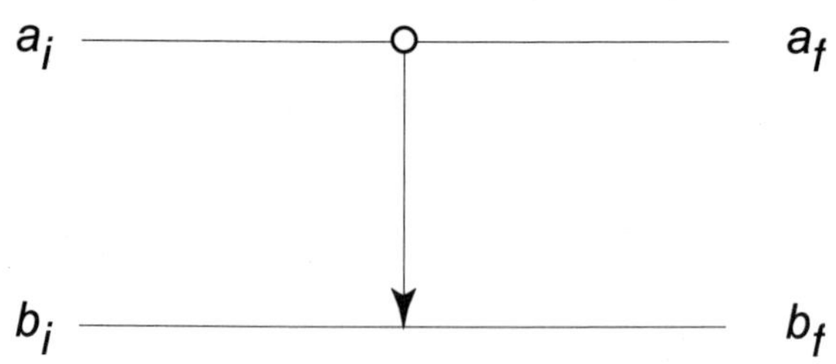

図 9.1　CN ゲートに対する通常のグラフ．

表 9.2 CCN ゲートに対する真理値表.

a_i	b_i	c_i	a_f	b_f	c_f
0	0	0	0	0	0
0	0	1	0	0	1
0	1	0	0	1	0
0	1	1	0	1	1
1	0	0	1	0	0
1	0	1	1	0	1
1	1	0	1	1	1
1	1	1	1	1	0

$$a_f = a_i, \qquad b_f = b_i$$

$$c_f = \begin{cases} \bar{c}_i, & a_i = b_i = 1 \text{ の場合} \\ c_f, & \text{その他} \end{cases}$$

または

$$c_f = a_i b_i \oplus c_i$$

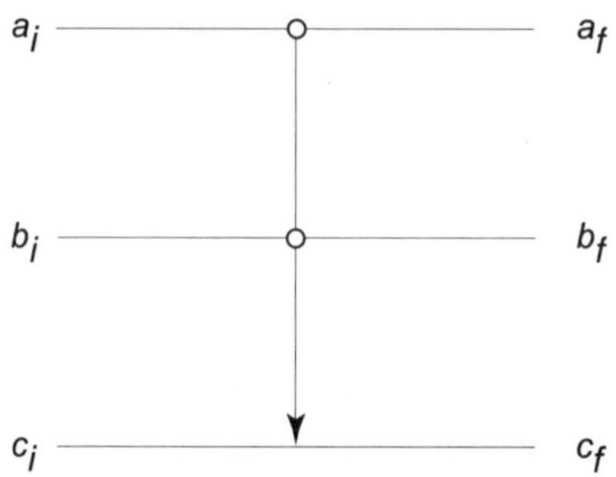

図 9.2 CCN ゲートのグラフ.

であることがわかり，そのため AND ゲートが得られる．

2 つの CCN ゲートと 2 つの CN ゲートの組み合わせを用いれば，加算器を作ることができる．事実，a と b が加えるべきビットで，c が繰り越しと仮定する．1 ビット d を付加して使うと，4 つの演算，

$$d = 0, \quad \mathtt{CCN}(abd), \quad \mathtt{CN}(ab), \quad \mathtt{CCN}(bcd), \quad \mathtt{CN}(bc) \tag{9.4}$$

をかけることにより加算器が作れる．最初のステップでは，$d = 0$ と値を設

表 9.3　CCN ゲートの $a_i = 1$ の場合の真理値表.

b_i	c_i	a_f	b_f	c_f
0	0	1	0	0
0	1	1	0	1
1	0	1	1	1
1	1	1	1	0

表 9.4　CCN ゲートの $c_i = 1$ の場合の真理値表.

a_i	b_i	a_f	b_f	c_f
0	0	0	0	0
0	1	0	1	0
1	0	1	0	0
1	1	1	1	1

定する．2番目のステップでは，CCN ゲートを a, b, d ビット（a と b は制御ビットで，d は標的ビット）にかける．次に，CN ゲートを a と b のビット（a

表 9.5　式 (9.4) の演算に対する結果として得られるビット値.

	a	b	c	d
CCN(a,b,d)	1	1	1	0
CN(a,b)	1	1	1	1
CCN(b,c,d)	1	0	1	1
CN(b,c)	1	0	1	1
	1	0	1	1

は制御ビットで，b は標的ビット）にかける．さらに，CCN ゲートを b，c，d にかける．最後に，CN ゲートを b と c にかける．その結果，ビット c の値はビットの和に等しくなり，ビット d の値は新しい繰り越しになる．

式 (9.4) の一連のゲートが，たとえば初期値の $a = b = c = 1$ に対する加算器を提供することを確めよう．結果として得られるビットの値を表 9.5 に与える．表 9.5 の 2 行目はビットの初期値を示している．CCN(abd) ゲートが作用した後は，$a = b = 1$ なので標的ビット d は変化する．$a = 1$ であるから，CN ゲートの CN(ab) は，b の値を変える．CCN(bcd) ゲートは制御ビットの 1 つが $b = 0$ なのでビットの値を変えない．CN(bc) ゲートは制御ビットが $b = 0$ なのでビットの値には影響しない．その結果，和と繰り越しについての正しい値の $c = 1, d = 1$ が得られる．一連の式 (9.4) は図 9.3 に示されたグラフを使って略記できる．グラフの中の 4 つの矢印は CN と CCN ゲートの動作を示している．

表 9.6 と図 9.4 には，よく知られている 3 ビットの可逆 FREDKIN(F) ゲートに対する真理値表とグラフを示す．F ゲートは CONTROL-EXCHANGE ゲートと呼ぶことができる．制御ビット a_i は値を変えず，$a_i = 1$ ならば標的ビット b_i と c_i は値を交換する．F ゲートも万能ゲートであり，どんな論理演算を実行

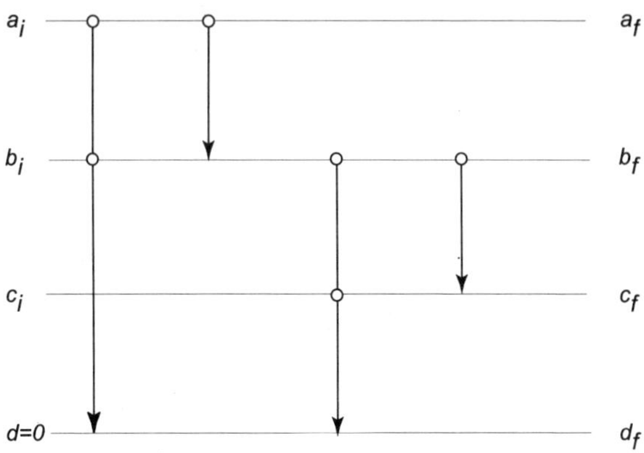

図 9.3　一連の演算の式 (9.4) に対するグラフ．

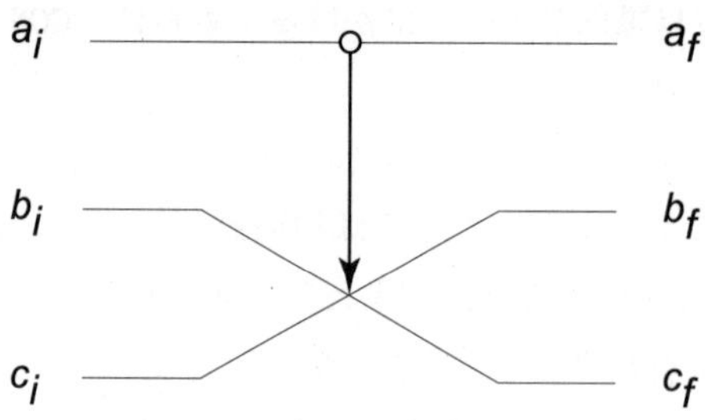

図 9.4 F ゲートに対するグラフ.

表 9.6 F ゲートに対する真理値表.

a_i	b_i	c_i	a_f	b_f	c_f
0	0	0	0	0	0
0	0	1	0	0	1
0	1	0	0	1	0
0	1	1	0	1	1
1	0	0	1	0	0
1	0	1	1	1	0
1	1	0	1	0	1
1	1	1	1	1	1

$$a_f = a_i$$

$$\begin{pmatrix} b_f \\ c_f \end{pmatrix} = \begin{cases} \begin{pmatrix} b_i \\ c_i \end{pmatrix} & a_i = 0 \text{ の場合} \\ \begin{pmatrix} c_i \\ b_i \end{pmatrix} & a_i = 1 \text{ の場合} \end{cases}$$

表 9.7 F ゲートに対する真理値表（$c_i = 0$ の場合）

a_i	b_i	a_f	b_f	c_f
0	0	0	0	0
0	1	0	1	0
1	0	1	0	0
1	1	1	0	1

するのにも使える [47]．たとえば，$c_i = 0$ と置くと，表 9.7 に示されている真理値表が得られる．表 9.7 から c_f の値は，

$$c_f = a_i b_i \tag{9.5}$$

に等しいことがわかる．そのため AND ゲートが得られる．

第10章
量子論理ゲート

量子論理ゲートはデジタル論理ゲートとは違い，一般的にデジタル状態の重ね合わせに作用する．量子論理ゲートは演算子または行列により表される．行列要素 A_{ik} の行列 A を考えよう．転置共役行列 $A^\dagger$ は行列要素，

$$(A^\dagger)_{ik} = A^*_{ki} \tag{10.1}$$

を持つ行列として定義される．ここで「* (アスタリスク)」は複素共役を意味する．たとえば行列，

$$A = \begin{pmatrix} 0 & i \\ i & 0 \end{pmatrix}, \qquad B = \begin{pmatrix} 0 & -i \\ i & 0 \end{pmatrix} \tag{10.2}$$

に対する転置共役行列は，

$$A^\dagger = \begin{pmatrix} 0 & -i \\ -i & 0 \end{pmatrix}, \qquad B^\dagger = \begin{pmatrix} 0 & -i \\ i & 0 \end{pmatrix} \tag{10.3}$$

である．というのは，

$$(A^\dagger)_{12} = A^*_{21} = -i, \qquad (A^\dagger)_{21} = A^*_{12} = -i$$
$$(B^\dagger)_{12} = B^*_{21} = -i, \qquad (B^\dagger)_{21} = B^*_{12} = i$$

だからである．A と B の両行列には特別な性質がある．行列 B に対しては，$B^\dagger = B$ となる．転置共役行列が等しくなる行列をエルミートと呼んでいる．エルミート行列は実験的に測定できる物理量，すなわち，エネルギー，スピンの斜影 (内部核運動量)，磁気モーメントの斜影等を表している．特に，行列 $(1/2)B$ は電子または陽子のスピンの y 成分を記述する．

A と B の両行列については，重要な等式がある．

$$A^\dagger A = AA^\dagger = E, \quad B^\dagger B = BB^\dagger = E \tag{10.4}$$

ここで E は単位行列である．

$$E = \begin{pmatrix} 1 & 0 \\ 0 & 1 \end{pmatrix} \tag{10.5}$$

2 つの行列の A と B の積についての定義，

$$(AB)_{ik} = A_{in}B_{nk} \tag{10.6}$$

を使えば，式 (10.4) が確かめられる．ここで繰り返している添え字 n により総和をとると仮定している．したがって，

$$\begin{aligned}
(A^\dagger A)_{11} &= A^\dagger_{11}A_{11} + A^\dagger_{12}A_{21} = 0\cdot 0 + (-i)\cdot i = 1 \\
(A^\dagger A)_{22} &= A^\dagger_{21}A_{12} + A^\dagger_{22}A_{22} = (-i)\cdot i + 0\cdot 0 = 1 \\
(A^\dagger A)_{12} &= A^\dagger_{11}A_{12} + A^\dagger_{12}A_{22} = 0 \\
(A^\dagger A)_{21} &= A^\dagger_{21}A_{11} + A^\dagger_{22}A_{21} = 0
\end{aligned} \tag{10.7}$$

式 (10.4) を満足する行列はユニタリと呼ばれている．量子力学系の時間発展はユニタリ行列で表される．そのため，量子論理ゲートはユニタリ行列（演算子）によって表すことができる．

たとえば，量子 N ゲートを考えてみよう．これはデジタルの N ゲートと同様に，基底状態 $|0\rangle$ を励起状態 $|1\rangle$ へ変換し，逆の変換も行う．重ね合わせ状態に対しては，N ゲートは変換，

$$\mathtt{N}\cdot(c_0|0\rangle + c_1|1\rangle) = c_0|1\rangle + c_1|0\rangle \tag{10.8}$$

を与える．ここで c_0 と c_1 はこの状態の複素振幅である．初期状態 $\Psi = (c_0|0\rangle + c_1|1\rangle)$ に対しては，$|c_0|^2$ はこの系が状態 $|0\rangle$ になっているのを見つける確率であり，$|c_1|^2$ はこの系が状態 $|1\rangle$ になっているのを見つける確率である．N ゲートを作用した後では，$|c_0|^2$ はこの系が状態 $|1\rangle$ になっているのを見つけ

る確率であり，$|c_1|^2$ はこの系が状態 $|0\rangle$ になっているのを見つける確率である．もちろん，$|c_0|^2+|c_1|^2=1$ である．

状態 $|0\rangle$ と $|1\rangle$ を縦ベクトルの形で表すならば，

$$|0\rangle = \begin{pmatrix} 1 \\ 0 \end{pmatrix} \equiv \alpha, \qquad |1\rangle = \begin{pmatrix} 0 \\ 1 \end{pmatrix} \equiv \beta \tag{10.9}$$

したがって N ゲートは行列，

$$N = \begin{pmatrix} 0 & 1 \\ 1 & 0 \end{pmatrix} \tag{10.10}$$

によって表すことができる．この行列はユニタリでかつエルミートであることに注意しよう．〔行列 $(1/2)N$ は電子や陽子のスピンの x 成分を記述する.〕また，

$$N\alpha = \beta, \qquad N\beta = \alpha \tag{10.11}$$

となることが確かめられる．事実，任意の正方行列 R と列行列 ρ に対する $R\rho$ は行列要素，

$$(R\rho)_i = R_{in}\rho_n \tag{10.12}$$

を持つ縦ベクトルである．たとえば，

$$\begin{aligned} (N\alpha)_1 &= N_{11}\alpha_1 + N_{12}\alpha_2 = 0+0=0 \\ (N\alpha)_2 &= N_{21}\alpha_1 + N_{22}\alpha_2 = 1\cdot 1+0=1 \end{aligned} \tag{10.13}$$

となる．$\beta_1=0$ および $\beta_2=1$ なので，式 (10.13) は式 (10.11) における最初の式と同じである．

式 (10.10) のような正方行列の代わりに，いわゆるハバード演算子 X^{ik} $(i,k=1,2)$ の総和によって量子ゲートを表すことができる．演算子 X^{ik} は i 番目の行と k 番目の列の交点に 1 の行列要素がある正方行列である．その他の行列要素は全部ゼロに等しい．たとえば，

$$X^{11} = \begin{pmatrix} 1 & 0 \\ 0 & 0 \end{pmatrix}, \qquad X^{12} = \begin{pmatrix} 0 & 1 \\ 0 & 0 \end{pmatrix} \tag{10.14}$$

となる．これらの行列には，簡単な規則，

$$X^{ik}X^{mn} = X^{in}\delta_{km} \tag{10.15}$$

がある．ここで，

$$\delta_{km} = \begin{cases} 1, & k = m \\ 0, & k \neq m \end{cases}$$

を満足するので，乗算に対して便利である．たとえば，

$$X^{12}X^{21} = X^{11}, \quad X^{12}X^{11} = 0 \tag{10.16}$$

等である．N ゲートはハバード演算子の項によって，

$$N = X^{12} + X^{21} \tag{10.17}$$

のように表せる．

また量子ゲートをディラック記法で表すことができる．この記法では行列 X^{ik} は，

$$X^{ik} = |i-1\rangle\langle k-1| \tag{10.18}$$

という形になる．そのため，演算子 X^{11} は $|0\rangle\langle 0|$ に対応している．簡単な規則，

$$\langle i|k\rangle = \delta_{ik} \tag{10.19}$$

を使えば，式 (10.18) による演算子の作用が見つけられる．この規則によれば，正方行列 $|i\rangle\langle k|$ と縦ベクトル $|n\rangle$ の乗算は式，

$$|i\rangle\langle k|n\rangle = |i\rangle\delta_{kn} \tag{10.20}$$

によって与えられる．正方行列の積は式，

$$|i\rangle\langle k|m\rangle\langle n| = |i\rangle\langle n|\delta_{km} \tag{10.21}$$

によって与えられる．ディラック記法では N ゲートとして，

$$N = |0\rangle\langle 1| + |1\rangle\langle 0| \tag{10.22}$$

が得られる．式 (10.22) の初項は変換 $|1\rangle \to |0\rangle$ からきており，第 2 項は逆変換 $|0\rangle \to |1\rangle$ からきている．

$$
\begin{aligned}
N|1\rangle &= |0\rangle\langle 1|1\rangle + |1\rangle\langle 0|1\rangle = |0\rangle \\
N|0\rangle &= |0\rangle\langle 1|0\rangle + |1\rangle\langle 0|0\rangle = |1\rangle
\end{aligned} \tag{10.23}
$$

N 演算子がユニタリであることを確かめるのは容易である．事実，ディラック記法では，

$$
\begin{aligned}
NN^\dagger &= (|0\rangle\langle 1| + |1\rangle\langle 0|)(|1\rangle\langle 0| + |0\rangle\langle 1|) \\
&= |0\rangle\langle 0| + |1\rangle\langle 1| = E
\end{aligned} \tag{10.24}
$$

が得られる．式 (10.24) では，演算子 $|i\rangle\langle j|$ が演算子 $|j\rangle\langle i|$ の転置共役であることを使った．

第11章
2および3キュービットの論理ゲート

量子 CONTROL-NOT（CN）論理ゲートは次のような演算子によって記述できる．

$$\mathrm{CN} = |00\rangle\langle 00| + |01\rangle\langle 01| + |10\rangle\langle 11| + |11\rangle\langle 10| \tag{11.1}$$

CN ゲートは2キュービットの演算子で，最初のキュービットが制御，2番目のキュービットが標的になっている．制御キュービットが基底状態 $|0\rangle$ にあれば，標的キュービットは CN ゲートを作用した後でも値を変えない．この状況は式(11.1)の初項と第2項によって記述されている．逆の場合には，標的キュービットは値を変える．これは式(11.1)の第3項および第4項に対応する．CN 演算子は，N 演算子と同様に，ユニタリでかつエルミートである．

$$\begin{aligned}(\mathrm{CN})^\dagger &= \mathrm{CN}\\ \mathrm{CN}\cdot(\mathrm{CN})^\dagger &= |00\rangle\langle 00| + |01\rangle\langle 01| + |10\rangle\langle 10| + |11\rangle\langle 11| = E\end{aligned} \tag{11.2}$$

この CN ゲートを10進数記法で書くと，

$$\mathrm{CN} = |0\rangle\langle 0| + |1\rangle\langle 1| + |2\rangle\langle 3| + |3\rangle\langle 2| \tag{11.3}$$

となる．ここで，

$$|00\rangle \to |0\rangle, \qquad |01\rangle \to |1\rangle$$
$$|10\rangle \to |2\rangle, \qquad |11\rangle \to |3\rangle$$

CN ゲートの 10 進数記法による行列の形は，

$$\mathtt{CN} = \begin{pmatrix} 1 & 0 & 0 & 0 \\ 0 & 1 & 0 & 0 \\ 0 & 0 & 0 & 1 \\ 0 & 0 & 1 & 0 \end{pmatrix} \tag{11.4}$$

である．この行列要素 $(\mathtt{CN})_{ik}$ は $|i\rangle\langle k|$ の項に対応している．ここで式 (11.4) では i と k はゼロから数えている．$|0\rangle$, $|1\rangle$, $|2\rangle$, $|3\rangle$ を次の縦ベクトルのように書こう．

$$\alpha = \begin{pmatrix} 1 \\ 0 \\ 0 \\ 0 \end{pmatrix}, \quad \beta = \begin{pmatrix} 0 \\ 1 \\ 0 \\ 0 \end{pmatrix}, \quad \gamma = \begin{pmatrix} 0 \\ 0 \\ 1 \\ 0 \end{pmatrix}, \quad \delta = \begin{pmatrix} 0 \\ 0 \\ 0 \\ 1 \end{pmatrix} \tag{11.5}$$

このとき，式 (11.4) の行列を式 (11.5) に作用させることは，その状態に式 (11.3) の演算子を作用させることに対応する．たとえば，

$$\begin{aligned} \mathtt{CN}|2\rangle &= (|0\rangle\langle 0| + |1\rangle\langle 1| + |2\rangle\langle 3| + |3\rangle\langle 2|)|2\rangle = |3\rangle\langle 2|2\rangle \\ &= |3\rangle \end{aligned} \tag{11.6}$$

行列記法によると，$(\mathtt{CN}\gamma)$ の i 番目の要素は式，

$$(\mathtt{CN}\gamma)_i = (\mathtt{CN})_{ik}\gamma_k = (\mathtt{CN})_{i2}\gamma_2 = \begin{cases} 1, & i = 3 \\ 0, & i = 0, 1, 2 \end{cases} \tag{11.7}$$

のように与えられる．そのため式 (11.7) から，

$$\mathtt{CN}\gamma = \delta \tag{11.8}$$

となり，これは行列記法による式 (11.6) に一致する．3 キュービットの F ゲートは演算子，

$$\begin{aligned} \mathtt{F} = & |000\rangle\langle 000| + |001\rangle\langle 001| + |010\rangle\langle 010| + |011\rangle\langle 011| + \\ & |100\rangle\langle 100| + |101\rangle\langle 110| + |110\rangle\langle 101| + |111\rangle\langle 111| \end{aligned} \tag{11.9}$$

によって記述できる．式 (11.9) では左側のキュービットが制御キュービットである．もし制御キュービットが基底状態 $|0\rangle$ にあれば，2 つの標的キュービットは状態を変えない．この状況は式 (11.9) のなかの最初の 4 項によって記述されている．式 (11.9) の後の 4 項は，制御キュービットが励起状態 $|1\rangle$ になっていて標的キュービットが状態を交換するといった，逆の場合を記述している．たとえば，

$$\mathtt{F}|001\rangle = |001\rangle\langle 001|001\rangle = |001\rangle \tag{11.10}$$

となりキュービットの状態は変化しない．同時に，

$$\mathtt{F}|101\rangle = |110\rangle\langle 101|101\rangle = |110\rangle \tag{11.11}$$

となり標的ビットが状態を交換する．10 進数記法によれば F ゲートは，

$$\mathtt{F} = |0\rangle\langle 0| + |1\rangle\langle 1| + |2\rangle\langle 2| + |3\rangle\langle 3| + |4\rangle\langle 4| + |5\rangle\langle 6| + |6\rangle\langle 5| + |7\rangle\langle 7| \tag{11.12}$$

と書ける．行列表現によれば式 (11.12) は，

$$\begin{pmatrix} 1 & 0 & 0 & 0 & 0 & 0 & 0 & 0 \\ 0 & 1 & 0 & 0 & 0 & 0 & 0 & 0 \\ 0 & 0 & 1 & 0 & 0 & 0 & 0 & 0 \\ 0 & 0 & 0 & 1 & 0 & 0 & 0 & 0 \\ 0 & 0 & 0 & 0 & 1 & 0 & 0 & 0 \\ 0 & 0 & 0 & 0 & 0 & 0 & 1 & 0 \\ 0 & 0 & 0 & 0 & 0 & 1 & 0 & 0 \\ 0 & 0 & 0 & 0 & 0 & 0 & 0 & 1 \end{pmatrix} \tag{11.13}$$

という形になる．この F ゲート演算子もまたユニタリでエルミートである．論理ゲートを生成演算子 $(a^\dagger)$ と消滅演算子 (a) で表すとしばしば便利である．

$$\begin{aligned} a^\dagger|0\rangle &= |1\rangle, & a^\dagger|1\rangle &= 0 \\ a|0\rangle &= 0, & a|1\rangle &= |0\rangle \end{aligned} \tag{11.14}$$

生成演算子 $a^\dagger$ は基底状態 $|0\rangle$ を励起状態 $|1\rangle$ へと変換する．消滅演算子 a は励起状態 $|1\rangle$ を基底状態 $|0\rangle$ へと変換する．ディラック記法によれば，

$$a^\dagger = |1\rangle\langle 0|, \qquad a = |0\rangle\langle 1| \tag{11.15}$$

演算子 a と $a^\dagger$ が左側のキュービットにのみ作用すると仮定する。つまり演算子 b と $b^\dagger$ は中央のキュービットに作用し，演算子 c と $c^\dagger$ は右側のキュービットに作用する．このとき F ゲートは，

$$\mathtt{F} = E + a^\dagger a(b^\dagger c + bc^\dagger - b^\dagger b - c^\dagger c + 2b^\dagger bc^\dagger c) \tag{11.16}$$

と表せる．例として，式 (11.16) の状態 $|001\rangle$ への作用について確かめよう．$a|0\rangle = 0$ であり，式 (11.16) のなかの初項の E だけがゼロとならない結果となるため，

$$\mathtt{F}|001\rangle = E|001\rangle = |001\rangle \tag{11.17}$$

を得る．同時に，

$$\begin{aligned}\mathtt{F}|101\rangle &= E|101\rangle + a^\dagger ab^\dagger c|101\rangle - a^\dagger ac^\dagger c|101\rangle \\ &= |101\rangle + |110\rangle - |101\rangle = |110\rangle\end{aligned} \tag{11.18}$$

この場合には，式 (11.16) の 3 つの項だけがゼロとならない結果となる．

最後に，3 キュービットの CCN ゲートについて考えよう．

$$\begin{aligned}\mathtt{CCN} = {} & |000\rangle\langle 000| + |001\rangle\langle 001| + |010\rangle\langle 010| + \\ & |011\rangle\langle 011| + |100\rangle\langle 100| + |101\rangle\langle 101| + \\ & |110\rangle\langle 111| + |111\rangle\langle 110|\end{aligned} \tag{11.19}$$

式 (11.19) では，左側の 2 つのキュービットは制御キュービットである．CCN ゲートは両方の制御キュービットが励起状態にあれば〔式 (11.19) の最後の 2 項〕，右側（標的）キュービットの状態を変える．CCN ゲートを 10 進数記法と行列表現で書いておくと役に立つ．10 進数表現では，ディラック記法を使えば演算子 CCN は，

$$\begin{aligned}\mathtt{CCN} = {} & |0\rangle\langle 0| + |1\rangle\langle 1| + |2\rangle\langle 2| + |3\rangle\langle 3| + |4\rangle\langle 4| + \\ & |5\rangle\langle 5| + |6\rangle\langle 7| + |7\rangle\langle 6|\end{aligned} \tag{11.20}$$

という形になる．この 10 進数の行列表現によれば，CCN 演算子は次の行列要素を持つ．

$$\begin{cases} (\mathtt{CCN})_{kk} = 1, & k = 0, 1, 2, 3, 4, 5 \quad \text{の場合} \\ (\mathtt{CCN})_{67} = (\mathtt{CCN})_{76} = 1, & \\ (\mathtt{CCN})_{in} = 0, & \text{その他} \end{cases} \tag{11.21}$$

第12章
1キュービットの回転

ここでは単純な論理ゲートであるNゲートを2準位の量子系を使ってどのように実装するかについて考えよう．近似的に2準位だけを持つものとして扱える量子系は非常にたくさんある．そのうちの1つで正の z 方向に向いた一様な磁場 $\vec{B}$ のなかにある陽子スピン $I = 1/2$ について考える．

この系に対するシュレーディンガー方程式は，

$$i\hbar\dot{\Psi} = \mathcal{H}\Psi \tag{12.1}$$

と書ける．ここで Ψ は波動関数，

$$\Psi = c_0|0\rangle + c_1|1\rangle$$

である．振幅 c_0 および c_1 は規格化条件，

$$|c_0|^2 + |c_1|^2 = 1 \tag{12.2}$$

を満たしている．系のハミルトニアン $\mathcal{H}$ は，

$$\mathcal{H} = -\gamma\hbar BI^z = -\hbar\omega_0 I^z \tag{12.3}$$

となる．ここで，$\omega_0 = \gamma B$ はこの系の固有周波数であり，γ は陽子の磁気回転比，I^z はスピン 1/2 の z 成分を記述する演算子である．

$$I^z = \frac{1}{2}(|0\rangle\langle 0| - |1\rangle\langle 1|) \tag{12.4}$$

行列表現によれば，演算子 I^z として，

$$I^z = \frac{1}{2}\begin{pmatrix} 1 & 0 \\ 0 & -1 \end{pmatrix} \tag{12.5}$$

が得られる．基底状態 $|0\rangle$ のエネルギーは $-\hbar\omega_0/2$ に等しい．励起状態のエネルギーは $\hbar\omega_0/2$ である．

時刻 t におけるシュレーディンガー方程式 (12.1) の一般解は，

$$\Psi(t) = c_0(t)|0\rangle + c_1(t)|1\rangle \tag{12.6}$$

と書ける．式 (12.6) を式 (12.1) に代入すれば，

$$i\hbar(\dot{c}_0|0\rangle + \dot{c}_1|1\rangle) = -\frac{\hbar\omega_0}{2}(|0\rangle\langle 0| - |1\rangle\langle 1|)(c_0|0\rangle + c_1|1\rangle) \tag{12.7}$$

が得られる．式 (12.7) から，振幅 c_0 と c_1 に対して 2 つの常微分方程式が導ける．

$$i\dot{c}_0 = -\frac{\omega_0}{2}c_0, \qquad i\dot{c}_1 = \frac{\omega_0}{2}c_1 \tag{12.8}$$

これらの方程式の解は，

$$c_0(t) = c_0(0)e^{i\omega_0 t/2}, \qquad c_1(t) = c_1(0)e^{-i\omega_0 t/2} \tag{12.9}$$

である．

ここで式 (12.9) によって記述された陽子スピンの x, y, z 成分についての量子力学的平均を見つけよう．これらの値は $t=0$ において多くの陽子スピンが同じ状態になっていることが実験によって測定できる．演算子 I^x と I^y は，

$$\begin{aligned} I^x &= \frac{1}{2}(|0\rangle\langle 1| + |1\rangle\langle 0|) \\ I^y &= \frac{i}{2}(-|0\rangle\langle 1| + |1\rangle\langle 0|) \end{aligned} \tag{12.10}$$

である．任意の演算子 A（物理的観測量）の平均値 $\langle A\rangle$ は，

$$\langle A\rangle = \Psi^\dagger A\Psi \tag{12.11}$$

であることがわかっている．ここの場合には，波動関数，

$$\Psi(t) = c_0(0)e^{i\omega_0 t/2}|0\rangle + c_1(0)e^{-i\omega_0 t/2}|1\rangle \tag{12.12}$$

が得られている．まず最初に，演算子 I^x の波動関数 $\Psi(t)$ への作用について計算する．

$$
\begin{aligned}
I^x\Psi(t) &= \frac{1}{2}(|0\rangle\langle 1| + |1\rangle\langle 0|)\times \\
&\qquad\qquad \left(c_0(0)e^{i\omega_0 t/2}|0\rangle + c_1(0)e^{-i\omega_0 t/2}|1\rangle\right) \\
&= \frac{1}{2}c_0(0)e^{i\omega_0 t/2}|1\rangle + \frac{1}{2}c_1(0)e^{-i\omega_0 t/2}|0\rangle
\end{aligned}
\tag{12.13}
$$

次に時間依存の平均値 $\langle I^x\rangle(t)$ を計算する．

$$
\begin{aligned}
\langle I^x\rangle(t) &= \Psi^\dagger(t)I^x\Psi(t) \\
&= \left(c_0^*(0)e^{-i\omega_0 t/2}\langle 0| + c_1^*(0)e^{i\omega_0 t/2}\langle 1|\right)\times \\
&\qquad\qquad \left(\frac{1}{2}c_0(0)e^{i\omega_0 t/2}|1\rangle + \frac{1}{2}c_1(0)e^{-i\omega_0 t/2}|0\rangle\right) \\
&= \frac{1}{2}\left(c_0^*(0)c_1(0)e^{-i\omega_0 t} + c_1^*(0)c_0(0)e^{i\omega_0 t}\right)
\end{aligned}
\tag{12.14}
$$

式 (12.14) はかなり単純化できる．複素数 $c_0(0)c_1^*(0)$ を，

$$
c_0(0)c_1^*(0) = ae^{i\varphi} \tag{12.15}
$$

と書こう．ここで a は複素数の係数で，φ は位相である．そこで，式 (12.14) は，

$$
\langle I^x\rangle(t) = a\cos(\omega_0 t + \varphi) \tag{12.16}
$$

という形に書ける．同じようにして，

$$
\begin{aligned}
\langle I^y\rangle(t) &= \Psi^\dagger(t)I^y\Psi(t) \\
&= \left(c_0^*(0)e^{-i\omega_0 t/2}\langle 0| + c_1^*(0)e^{i\omega_0 t/2}\langle 1|\right)\times \\
&\qquad\qquad \left(\frac{i}{2}c_0(0)^{i\omega_0 t/2}|1\rangle - \frac{i}{2}c_1(0)e^{-i\omega_0 t/2}|0\rangle\right) \\
&= \frac{i}{2}\left(c_0(0)c_1^*(0)e^{i\omega_0 t} - c_0^*(0)c_1(0)e^{-i\omega_0 t}\right) \\
&= -a\sin(\omega_0 t + \varphi)
\end{aligned}
\tag{12.17}
$$

を得る．最後に，$\langle I^z\rangle(t)$ の平均値は式，

$$\begin{aligned}\langle I^z\rangle(t) &= \Psi^\dagger(t) I^z \Psi(t)\\ &= \left(c_0^*(0)e^{-i\omega_0 t/2}\langle 0| + c_1^*(0)e^{i\omega_0 t/2}\langle 1|\right)\times\\ &\qquad \frac{1}{2}\left(c_0(0)e^{i\omega_0 t/2}|0\rangle - c_1(0)e^{-i\omega_0 t/2}|1\rangle\right)\\ &= \frac{1}{2}\left(|c_0(0)|^2 - |c_1(0)|^2\right) \end{aligned} \tag{12.18}$$

によって与えられる．

式 (12.18) からわかるように，平均値 $\langle I^z\rangle(t)$ は t に依存しない．平均スピンの長さは時間発展の過程で変化しないことに注意する．

$$\begin{aligned}\langle I^x\rangle^2 + \langle I^y\rangle^2 + \langle I^z\rangle^2 &= |c_0(0)c_1(0)|^2 + \frac{1}{4}\left(|c_0(0)|^4 + |c_1(0)|^4\right.\\ &\qquad \left.-2|c_0(0)c_1(0)|^2\right)\\ &= \frac{1}{4}\left(|c_0(0)|^4 + |c_1(0)|^4 + 2|c_0(0)c_1(0)|^2\right)\\ &= \frac{1}{4}\\ \langle I^x\rangle^2 + \langle I^y\rangle^2 &= a^2 \end{aligned} \tag{12.19}$$

式 (12.19) において，規格化条件 $|c_0(0)|^2 + |c_1(0)|^2 = 1$ を使った．$\langle I^x\rangle(t)$, $\langle I^y\rangle(t)$, $\langle I^z\rangle(t)$ に対する式は磁場方向の回りでの平均スピンベクトル $\langle\vec{I}\rangle(t)$ の歳差運動を記述している．ベクトル $\langle\vec{I}\rangle(t)$ の大きさは 1/2 であるが，このベクトルの z 成分は変化せず，横成分は上 $(+z)$ から見て周波数 ω_0 で時計方向に回転している．

ベクトル $\langle\vec{I}\rangle(t)$ の歳差運動に共鳴する横方向の円偏光磁場を加えると，何が起こるかを考えよう．(つまり，この磁場の周波数は歳差周波数と同じである.）この磁場は,

$$B^x = h\cos\omega t, \qquad B^y = -h\sin\omega t \tag{12.20}$$

の形になる．この場合には，この系のハミルトニアン，

$$\mathcal{H} = -\gamma\hbar\vec{B}\vec{I} \tag{12.21}$$

は，

$$\mathcal{H} = -\hbar\omega_0 I^z - \frac{\gamma\hbar}{2}(B^+ I^- + B^- I^+) \tag{12.22}$$

と書ける．式 (12.22) では，次の記法を導入している．

$$\begin{aligned} B^+ &= B^x + iB^y = he^{-i\omega t} \\ B^- &= B^x - iB^y = he^{i\omega t} \\ I^+ &= I^x + iI^y = |0\rangle\langle 1| \\ I^- &= I^x - iI^y = |1\rangle\langle 0| \end{aligned} \tag{12.23}$$

式 (12.23) を式 (12.22) に代入すれば，次のハミルトニアン，

$$\mathcal{H} = -\frac{\hbar}{2}\left\{\omega_0(|0\rangle\langle 0| - |1\rangle\langle 1|) + \Omega\left(e^{i\omega t}|0\rangle\langle 1| + e^{-i\omega t}|\,1\rangle\langle 0|\right)\right\} \tag{12.24}$$

を得ることができる．ここで $\Omega = \gamma h$ は共鳴磁場の振幅を周波数単位で測ったものである．周波数 Ω はラビ周波数と呼ばれている．ラビ周波数は，共鳴磁場の作用のもとでの状態 $|0\rangle$ と $|1\rangle$ の間の遷移について記述している．この遷移の特性時間 $\tau = \pi/\Omega$ は通常は歳差運動の周期 $2\pi/\omega_0$ よりずっと長い．ハミルトニアンを式 (12.24) で置き換えて，波動関数の式 (12.6) をシュレーディンガー方程式 (12.1) に代入すれば，c_0 と c_1 に対する式が導ける．

$$\begin{aligned} i\dot{c}_0 &= -\frac{1}{2}\left(\omega_0 c_0 + \Omega e^{i\omega t} c_1\right) \\ i\dot{c}_1 &= \frac{1}{2}\left(\omega_0 c_1 - \Omega e^{-i\omega t} c_0\right) \end{aligned} \tag{12.25}$$

これらの式は周期時間の係数 $\exp(\pm i\omega t)$ を含んでいる．定係数を持つ式を導出するために，次の置き換えを使う．

$$\begin{aligned} c_0 &= c_0' e^{i\omega t/2} \\ c_1 &= c_1' e^{-i\omega t/2} \end{aligned} \tag{12.26}$$

式 (12.26) を式 (12.25) に代入した後は，c_0' と c_1' に対する式が得られる．

$$\begin{aligned} i\dot{c}_0' &= \frac{1}{2}[(\omega - \omega_0)c_0' - \Omega c_1'] \\ i\dot{c}_1' &= \frac{1}{2}[-(\omega - \omega_0)c_1' - \Omega c_0'] \end{aligned} \tag{12.27}$$

共鳴条件 $\omega = \omega_0$ においては，式 (12.27) から，

$$i\dot{c}'_0 = -\frac{1}{2}\Omega c'_1$$
$$i\dot{c}'_1 = -\frac{1}{2}\Omega c'_0 \tag{12.28}$$

が得られる．

変換式 (12.26) は共鳴磁場とともに回転座標系への変換と等価である．この座標系では，円偏光磁場は一定の横方向磁場になる．そして，この座標系では z 軸の回りの歳差運動は現れない．そのため，われわれは z 軸に向いた永久磁場を実効的に消した．したがって，この回転座標系では，振幅 $h = \Omega/\gamma$ を持つ実効的な横方向の定磁場だけがある．次に，c'_0 と c'_1 に対する式の「$'$（ダッシュ）」を省略しよう．式 (12.28) の一般解は，

$$c_0(t) = c_0(0)\cos\frac{\Omega t}{2} + ic_1(0)\sin\frac{\Omega t}{2}$$
$$c_1(t) = ic_0(0)\sin\frac{\Omega t}{2} + c_1(0)\cos\frac{\Omega t}{2} \tag{12.29}$$

と書ける．$t = 0$ でスピンが基底状態にあると仮定しよう．

$$c_0(0) = 1, \qquad c_1(0) = 0 \tag{12.30}$$

式 (12.30) を式 (12.29) に代入すれば，

$$c_0(t) = \cos\frac{\Omega t}{2}$$
$$c_1(t) = i\sin\frac{\Omega t}{2} \tag{12.31}$$

が得られる．外部共鳴磁場の幅 t_1 が，

$$t_1 = \frac{\pi}{\Omega} \tag{12.32}$$

に等しいと置くと，式 (12.31) から，

$$c_0(t_1) = 0, \qquad c_1(t_1) = i \tag{12.33a}$$

が得られる．

式 (12.33a) から,

$$|c_0(t_1)|^2 = 0, \qquad |c_1(t_1)|^2 = 1 \tag{12.33b}$$

が導かれる．このようにして，幅 π/Ω を持つ共鳴磁場のパルスはこの系を基底状態から励起状態にさせる．このようなパルスは π パルスと呼ばれている．逆に，スピンが最初に励起状態にあれば,

$$c_0(0) = 0, \qquad c_1(0) = 1 \tag{12.34a}$$

となり，π パルスを作用させた後に,

$$c_0(t_1) = i, \qquad c_1(t_1) = 0 \tag{12.34b}$$

が得られる．そのため，π パルスはスピンを基底状態にする．π パルスは，この系の状態を $|0\rangle$ から $|1\rangle$ へ，または $|1\rangle$ から $|0\rangle$ へ変化させる量子 N 演算子として機能する.〔共通の位相因子 $i = \exp(i\pi/2)$ はどのような観測値にも影響しないため，波動関数にとっては重要ではない.〕もし違った時間幅のパルスにしたなら，いわゆる 1 キュービットの回転を作り出し，この量子系を重ね合わせ状態にさせることができる．たとえば，$t_1 = \pi/2\Omega$（$\pi/2$ パルス）でかつ初期状態が式 (12.30) の場合は，式 (12.31) から,

$$\begin{aligned} c_0(t_1) &= \cos\frac{\pi}{4}, \qquad & c_1(t_1) &= i\sin\frac{\pi}{4} \\ |c_0(t_1)|^2 &= \frac{1}{2}, \qquad & |c_1(t_1)|^2 &= \frac{1}{2} \end{aligned} \tag{12.35}$$

が得られる．式 (12.35) からこの系は，$\pi/2$ パルスによって基底状態と励起状態が同じ重みの重ね合わせになることが導かれる．このため，この系の状態を測定するならば，状態 $|0\rangle$ または $|1\rangle$ が同じ確率 1/2 で得られる．$\pi/2$ パルスによってこの系を純粋な励起状態〔初期状態の式 (12.34a)〕から動作させる場合にも同じ結果が得られる.

最後に，共鳴磁場の作用によるスピン成分の平均値の変化について考える.

以前の計算を繰り返すと，

$$\begin{aligned}\langle I^x\rangle &= \frac{1}{2}(c_0^*c_1 + c_0c_1^*)\\ \langle I^y\rangle &= \frac{i}{2}(c_0c_1^* - c_0^*c_1)\\ \langle I^z\rangle &= \frac{1}{2}(|c_0|^2 - |c_1|^2)\end{aligned} \tag{12.36}$$

が得られる．この系が最初に基底状態にある場合は，その時間変動は式 (12.31) によって記述される．そしてスピン成分の平均値の時間発展は式，

$$\begin{aligned}\langle I^x\rangle(t) &= 0\\ \langle I^y\rangle(t) &= \frac{1}{2}\sin\Omega t\\ \langle I^z\rangle(t) &= \frac{1}{2}\cos\Omega t\end{aligned} \tag{12.37}$$

によって与えられる．式 (12.37) は，回転座標系における x 軸の回りの平均スピンの歳差運動を記述している．初期 $t=0$ においては,「平均スピン」は z 方向を指す $\langle I^z\rangle = 1/2$. 平均スピンの z 成分は減少し，y 成分は増加する．いつも，$\langle I^y\rangle^2 + \langle I^z\rangle^2 = 1/4$ になっている．$\pi/2$ パルス（$\Omega t = \pi/2$）を作用させた後には,

$$\langle I^y\rangle = \frac{1}{2}, \qquad \langle I^z\rangle = 0 \tag{12.38}$$

となる．すなわち，平均スピンは正の y 方向に向く．($\pi/2$ パルスは平均スピンを横平面に移す.）π パルスを作用させた後には,

$$\langle I^y\rangle = 0, \qquad \langle I^z\rangle = -\frac{1}{2} \tag{12.39}$$

が得られる．すなわち，このとき平均スピンは負の z 方向に向く．

第13章
A_j 変換

ここでは演算子 A_j をどのように実現するのかということについて論じよう.

$$A_j = \frac{1}{\sqrt{2}}(|0_j\rangle\langle 0_j| + |0_j\rangle\langle 1_j| + |1_j\rangle\langle 0_j| - |1_j\rangle\langle 1_j|) \tag{13.1}$$

演算子 A_j および B_{jk},

$$B_{jk} = |0_j 0_k\rangle\langle 0_j 0_k| + |0_j 1_k\rangle\langle 0_j 1_k| + |1_j 0_k\rangle\langle 1_j 0_k| + e^{i\theta_{jk}}|1_j 1_k\rangle\langle 1_j 1_k| \tag{13.2}$$

が離散的なフーリエ変換を達成するのに必要であることを思い出さねばならない（第5章参照）.（演算子 A_j は j 番目のキュービットにのみ作用し，B_{jk} は j 番目と k 番目のキュービットにのみ作用する.）

演算子 A_j を状態 $|0_j\rangle$ に作用させることにより，状態,

$$A_j|0_j\rangle = \frac{1}{\sqrt{2}}(|0_j\rangle + |1_j\rangle) \tag{13.3}$$

が生成される．同じ演算子は状態 $|1\rangle$ を,

$$A_j|1_j\rangle = \frac{1}{\sqrt{2}}(|0_j\rangle - |1_j\rangle) \tag{13.4}$$

へ変換させる.

さて，変換式 (13.3) と (13.4) を物理的に実装する電磁パルスを見つけよう．回転座標系を導入し，回転磁場はこの座標系に対して位相差 φ があると仮定する.

$$B_x = h\cos(\omega t + \varphi), \qquad B_y = -h\sin(\omega t + \varphi) \tag{13.5}$$

このとき，B^+ と B^- については，

$$B^+ = he^{-i(\omega t+\varphi)}, \qquad B^- = he^{i(\omega t+\varphi)} \tag{13.6}$$

が得られる．同様に，ハミルトニアンの式 (12.24) のなかの第 2 項は，

$$\Omega\left[e^{i(\omega t+\varphi)}|0\rangle\langle 1| + e^{-i(\omega t+\varphi)}|1\rangle\langle 0|\right] \tag{13.7}$$

と変換される．$\varphi \neq 0$ に対する置換の式 (12.26) は加えた磁場には関係しないが，同じ角速度を持つ回転座標系への変換と同じになり，回転磁場の方向が，回転座標系の x 方向に対して角 φ をなす．式 (12.28) の代わりに次の方程式が得られる．

$$\begin{aligned} i\dot{c}_0' &= -\frac{1}{2}\Omega e^{i\varphi}c_1' \\ i\dot{c}_1' &= -\frac{1}{2}\Omega e^{-i\varphi}c_0' \end{aligned} \tag{13.8}$$

上付添え字の「′（ダッシュ）」を取り外すと，次のような式 (13.8) の解が得られる，

$$\begin{aligned} c_0(t) &= c_0(0)\cos\frac{\Omega t}{2} + ic_1(0)e^{i\varphi}\sin\frac{\Omega t}{2} \\ c_1(t) &= c_1(0)\cos\frac{\Omega t}{2} + ic_0(0)e^{-i\varphi}\sin\frac{\Omega t}{2} \end{aligned} \tag{13.9}$$

もし $\Omega t = \pi/2$（$\pi/2$ パルス），および位相を $\varphi = \pi/2$ とすれば，式 (13.9) から，

$$\begin{aligned} c_0(t) &= \frac{1}{\sqrt{2}}[c_0(0) - c_1(0)] \\ c_1(t) &= \frac{1}{\sqrt{2}}[c_1(0) + c_0(0)] \end{aligned} \tag{13.10}$$

が得られるはずである．もしこの系が初期に基底状態〔$c_0(0) = 1, c_1(0) = 0$〕にあるならば，式 (13.10) からこのパルスを作用させた後に，

$$c_0 = \frac{1}{\sqrt{2}}, \qquad c_1 = \frac{1}{\sqrt{2}} \tag{13.11}$$

が得られる．もしこの系が初期に励起状態〔$c_0(0)=0$，$c_1(0)=1$〕にあるならば，このパルスを作用させた後に，

$$c_0 = -\frac{1}{\sqrt{2}}, \qquad c_1 = \frac{1}{\sqrt{2}} \tag{13.12}$$

が得られる．したがって，位相 $\pi/2$ を持つ $\pi/2$ パルスにより，変換，

$$|0\rangle \rightarrow \frac{1}{\sqrt{2}}(|0\rangle + |1\rangle), \qquad |1\rangle \rightarrow \frac{1}{\sqrt{2}}(|1\rangle - |0\rangle) \tag{13.13}$$

ができる．

2 番目の変換は，演算子 A_j の作用とは符号だけが異なる．「この符号の違いをどのようにして克服できるのだろうか？」という疑問が起こる．たとえば，もし 3 番目の補助準位 $|2_j\rangle$ を導入するならば（図 13.1 参照），これが克服できる．変換 $|0_j\rangle \leftrightarrow |2_j\rangle$ の周波数 ω_{02} と変換 $|1_j\rangle \leftrightarrow |2_j\rangle$ の周波数 ω_{12} とは異なると仮定する．最初に周波数 ω_{12} を持つ 2π パルスを加えよう．この系が初期に基底状態にあるならば，この状態は変化しない．もしこの系が初期に励起状態 $|1_j\rangle$ にあるならば，この変換は一般的には式 (13.9) によって記述できる．ここで，$c_0 \rightarrow c_2$ とする．2π パルスを作用させた後には，

$$c_1 = -c_1, \qquad c_2 = 0 \tag{13.14}$$

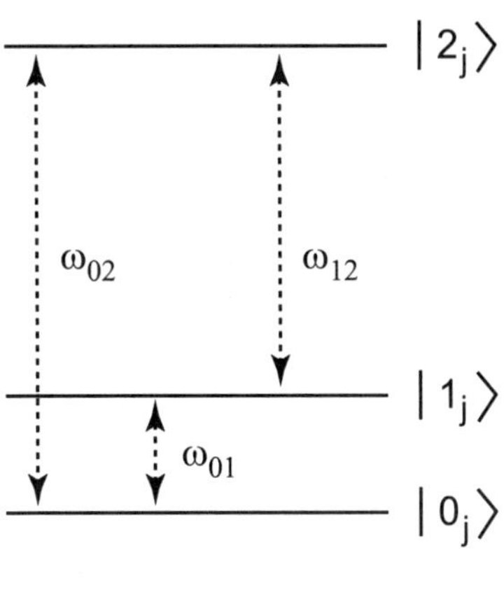

図 13.1　3 番目の補助準位 $|2_j\rangle$ は A_j 変換を実装するのに使われる．

となる．ゆえに，2π パルスにより変換，

$$|1\rangle \rightarrow -|1\rangle \tag{13.15}$$

ができる．次に周波数 ω_{01} および位相 $\pi/2$ を持つ $\pi/2$ パルスを加える．初期状態が基底状態の場合は，$c_0(0) = 1, c_1(0) = 0$ を式 (13.10) に代入すれば，再び式 (13.11) が得られる．初期状態が励起状態の場合は，$c_0(0) = 0, c_1(0) = -1$ を式 (13.10) に代入すれば，

$$c_0 = \frac{1}{\sqrt{2}}, \qquad c_1 = -\frac{1}{\sqrt{2}} \tag{13.16}$$

が得られる．このようにして，2 つのパルスを作用させた後に望ましい変換式 (13.3) と (13.4) が得られる．

周波数 ω_{12} を持った 2π パルスをスピン j に作用させることは，演算子

$$|0_j\rangle\langle 0_j| - |1_j\rangle\langle 1_j| \tag{13.17}$$

によって記述できる．周波数 ω_{01} と位相差 $\pi/2$ を持った 2π パルスを同じスピンに作用させることは，演算子

$$\frac{1}{\sqrt{2}}\left(|0_j\rangle\langle 0_j| - |0_j\rangle\langle 1_j| + |1_j\rangle\langle 0_j| + |1_j\rangle\langle 1_j|\right) \tag{13.18}$$

によって記述できる．演算子の式 (13.18) を式 (13.7) に乗じるならば，

$$\begin{aligned}
&\frac{1}{\sqrt{2}}\left(|0_j\rangle\langle 0_j| - |0_j\rangle\langle 1_j| + |1_j\rangle\langle 0_j| + |1_j\rangle\langle 1_j|\right)\left(|0_j\rangle\langle 0_j| - |1_j\rangle\langle 1_j|\right) \\
&\quad = \frac{1}{\sqrt{2}}\left(|0_j\rangle\langle 0_j| + |0_j\rangle\langle 1_j| + |1_j\rangle\langle 0_j| - |1_j\rangle\langle 1_j|\right).
\end{aligned} \tag{13.19}$$

が得られる．この演算子の式 (13.19) が演算子 A_j である〔式 (13.1) 参照〕．

第14章 B_{jk} 変換

次に演算子 B_{jk} の式 (13.2) をどのように実装するかについて議論する．たとえば，相互作用している 2 つの 3 準位系があるとしよう（図 14.1 参照）．図 14.1 における k 原子の状態のエネルギーは原子 j の状態に依存すると仮定する．つまり 図 14.1 の下側の破線の準位が状態 $|1_j\rangle$ に対応し，上側の破線の準位が状態 $|0_j\rangle$ に対応している．そのため，周波数 $\omega^k(1_k \leftrightarrow 2_k)$ の代わりに，ω_0^k と ω_1^k の 2 つの周波数がある（ここで下付き添え字は隣接原子 j の状態に対応している）．

そこで，周波数 ω_1^k の π パルスを原子 k に加えよう．原子 j または原子 k が基底状態あるか，または両方の原子がともに基底状態にある場合には，π パルスはこの系に影響を及ぼさない．原子が状態 $|1_j1_k\rangle$ にある場合にのみ，π

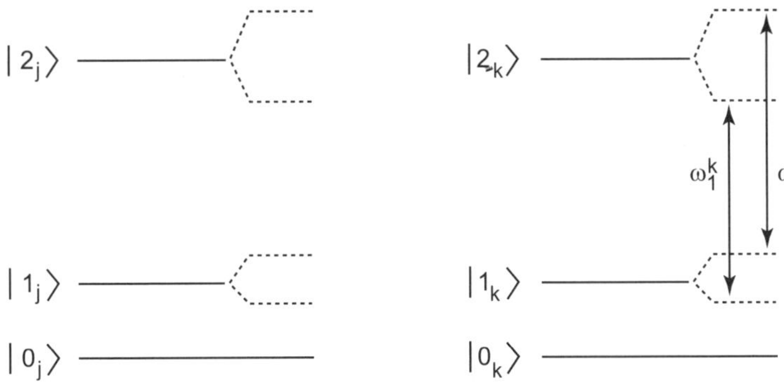

図 14.1　相互作用している 2 原子のエネルギー準位．

パルスは原子 k を状態 $|1_k\rangle$ から状態 $|2_k\rangle$ にする．周波数 ω_1^k および位相 φ_1 を持つ π パルスを加え，その後で同じ周波数で位相 φ_2 の π パルスを加えよう．式 (13.9) を用いて，$c_0 \to c_2$ の置き換えをすれば，π パルスを作用した後の c_1 と c_2 に対する式を書くことができる．

$$c_1 = ic_2(0)e^{-i\varphi}, \qquad c_2 = ic_1(0)e^{i\varphi} \tag{14.1}$$

ここで $c_i(0)$ はパルスを作用する前の c_i の値である．原子 k が初期に状態 $|1_k\rangle(c_1 = 1)$ にあり，原子 j が状態 $|1_j\rangle$ にあると仮定する．周波数 ω_1^k で位相 φ_1 の初期 π パルスを最初に加えた後に，

$$c_1 = 0, \qquad c_2 = ie^{i\varphi_1} \tag{14.2}$$

となる．位相 φ_2 の 2 番目の π パルスを加えた後に，

$$c_1 = i(ie^{i\varphi_1})e^{-i\varphi_2} = -e^{i(\varphi_1-\varphi_2)}, \qquad c_2 = 0. \tag{14.3}$$

が得られる．したがって，もし，

$$\theta_{jk} = \pi + \varphi_1 - \varphi_2.$$

ならば，この 2 つの π パルスの作用は式 (13.2) と同じになる．

第15章
ユニタリ変換と量子ダイナミックス

シュレーディンガー方程式によって記述される量子ダイナミックスと，量子論理ゲートを記述するユニタリ変換とを結びつけるものは何だろうと不思議に思うであろう．本章では，これらの関係について述べる．簡単のために，系のハミルトニアンは時間に依存しないと仮定する．このとき，シュレーディンガー方程式，

$$i\hbar\dot{\Psi} = \mathcal{H}\Psi \tag{15.1}$$

は解，

$$\Psi(t) = e^{-i\mathcal{H}t/\hbar}\Psi(0) \tag{15.2}$$

を持つ．ここで，任意の演算子 F に対して，

$$e^{iF} = E + iF + \frac{(iF)^2}{2!} + \frac{(iF)^3}{3!} + \cdots \tag{15.3}$$

と仮定している．式 (15.2) は初期状態 $\Psi(0)$ を終状態 $\Psi(t)$ にするユニタリ変換を定義している．

$$\Psi(t) = U(t)\Psi(0), \qquad U(t) = e^{-i\mathcal{H}t/\hbar} \tag{15.4}$$

一例として，永久磁場のなかで共鳴電磁パルスの作用のもとでの 1/2 スピンを考えよう．この系のハミルトニアンは式 (12.22) によって与えられる．われわれは回転座標系への変換を用いて時間に依存しないハミルトニアンを得ることができる．この変換は公式，

$$\Psi^{'} = U_r^{\dagger}\Psi, \qquad F_t = U_r^{\dagger}FU_r \tag{15.5}$$

を使うことにより行える．ここで U_r は式 (15.5) によるユニタリ変換の行列，

$$U_r = e^{i\omega I^z t} \tag{15.5a}$$

であり，Ψ' は回転座標系における波動関数，F は最初の座標系における任意の演算子，F_t は回転座標系における同じ演算子，$\omega = \omega_0$ は回転磁場の周波数である．

この場合には，式 (15.1) において置き換え，

$$\Psi = e^{i\omega_0 I^z t}\Psi'$$

ができる．これにより，

$$i\hbar\left(e^{i\omega_0 I^z t}\dot{\Psi}' + i\omega_0 I^z e^{i\omega_0 I^z t}\Psi'\right) = \left[-\hbar\omega_0 I^z - \tfrac{\gamma\hbar}{2}\left(B^+ I^- + B^- I^+\right)\right] e^{i\omega_0 I^z t}\Psi' \tag{15.6}$$

式 (15.6) を簡単化した後に，回転座標系におけるシュレーディンガー方程式，

$$i\hbar\dot{\Psi}' = \mathcal{H}'\Psi'$$

$$\mathcal{H}' = -\frac{\gamma\hbar}{2}e^{-i\omega_0 I^z t}(B^+ I^- + B^- I^+)e^{i\omega_0 I^z t} \tag{15.7}$$

が得られる．式 (15.7) の右辺は回転座標系におけるスピンと電磁場との相互作用を記述している．

式 (15.7) の右辺を簡単化するために，時間依存の演算子，

$$I_t^- = e^{-i\omega_0 I^z t} I^- e^{i\omega_0 I^z t} \tag{15.8}$$

を見つけよう．そのために，時間微分を考える．

$$\frac{dI_t^-}{dt} = (-i\omega_0 I^z)e^{-i\omega_0 I^z t} I^- e^{i\omega_0 I^z t} + e^{-i\omega_0 I^z t} I^- e^{i\omega_0 I^z t} i\omega_0 I^z \tag{15.9}$$

次に，演算子 I^z の式 (12.4) と I^- の式 (12.23) を使えば，

$$I^z I^- = \frac{1}{2}(|0\rangle\langle 0| - |1\rangle\langle 1|)|1\rangle\langle 0| = -\frac{1}{2}|1\rangle\langle 0| = -\frac{1}{2}I^-$$

$$I^- I^z = \frac{1}{2}|1\rangle\langle 0| = \frac{1}{2}I^- \tag{15.10}$$

が得られる．式 (15.10) を使えば，式 (15.9) を次のように書き換えることができる．

$$\frac{dI_t^-}{dt} = i\omega_0 I_t^- \tag{15.11}$$

式 (15.11) から解として，

$$I_t^- = e^{i\omega_0 t} I^- \tag{15.12}$$

が得られる．同じようにして，

$$I_t^+ = e^{-i\omega_0 I^z t} I^+ e^{i\omega_0 I^z t} = e^{-i\omega_0 t} I^+ \tag{15.13}$$

を示すことができる．式 (12.23)，(15.12)，(15.13) を式 (15.7) に代入すれば，回転座標系におけるハミルトニアン $\mathcal{H}'$ が時間に依存しないことがわかる．

$$\mathcal{H}' = -\frac{\hbar}{2}\Omega(|0\rangle\langle 1| + |1\rangle\langle 0|) \tag{15.14}$$

ここで $\Omega = \gamma h$ はラビ周波数である．

さて，回転座標系では，時間に依存しないハミルトニアン $\mathcal{H}'$ に対して関係式 (15.4) が使える．この場合，この系の時間発展は時間に依存しないハミルトニアン $\mathcal{H}'$ を用いたユニタリ演算子，

$$U(t) = e^{-i\mathcal{H}' t/\hbar} \tag{15.15}$$

によって記述される．式 (15.14) によれば，式 (15.15) のユニタリ演算子 $U(t)$ は，

$$U(t) = \exp\left\{\frac{i\Omega}{2}(|0\rangle\langle 1| + |1\rangle\langle 0|)t\right\} \tag{15.16}$$

と書くことができる．この式を簡単化するために，時間微分を考えよう．

$$\begin{aligned} \frac{dU}{dt} &= \frac{i\Omega}{2}(|0\rangle\langle 1| + |1\rangle\langle 0|)U \\ \frac{d^2U}{dt^2} &= -\frac{\Omega^2}{4}U \end{aligned} \tag{15.17}$$

この 2 番目の式は，

$$(|0\rangle\langle 1| + |1\rangle\langle 0|)^2 = (|0\rangle\langle 0| + |1\rangle\langle 1|) = E \tag{15.18}$$

となるため正しい．ここで E は単位行列である．式 (15.17) の 2 番目の式から，

$$U(t) = \sum_{i,k=0}^{1} \left(a_{ik} \cos \frac{\Omega t}{2} + b_{ik} \sin \frac{\Omega t}{2} \right) |i\rangle\langle k| \tag{15.19}$$

が導かれる．ここで a_{ik} と b_{ik} は時間に依存しない係数である．これらの係数を見出すために，初期条件，

$$\begin{aligned} U(0) &= E = |0\rangle\langle 0| + |1\rangle\langle 1| \\ \left.\frac{dU}{dt}\right|_0 &= \frac{i\Omega}{2}(|0\rangle\langle 1| + |1\rangle\langle 0|) \end{aligned} \tag{15.20}$$

を使う．式 (15.20) の最初の式は式 (15.16) と (15.3) から導かれる．式 (15.20) の 2 番目の式は式 (15.17) の最初の式から導かれる．式 (15.19) を式 (15.20) に代入すると，

$$\begin{aligned} a_{00} &= 1, \qquad & b_{00} &= 0 \\ a_{01} &= 0, \qquad & b_{01} &= i \\ a_{10} &= 0, \qquad & b_{10} &= i \\ a_{11} &= 1, \qquad & b_{11} &= 0 \end{aligned} \tag{15.21}$$

が得られる．結果としての時間発展ユニタリ演算子は，

$$U(t) = \cos \frac{\Omega t}{2}(|0\rangle\langle 0| + |1\rangle\langle 1|) + i \sin \frac{\Omega t}{2}(|0\rangle\langle 1| + |1\rangle\langle 0|) \tag{15.22a}$$

または，行列表現では，

$$U(t) = \begin{pmatrix} \cos \Omega t/2 & i \sin \Omega t/2 \\ i \sin \Omega t/2 & \cos \Omega t/2 \end{pmatrix} \tag{15.22b}$$

となる．これはシュレーディンガー方程式の解の式 (12.29) に正確に対応している．式 (15.22) を使えば，

$$\begin{aligned} \Psi(t) &= U(t)\Psi(0) = U(t)(c_0(0)|0\rangle + c_1(0)|1\rangle) \\ &= c_0(t)|0\rangle + c_1(t)|1\rangle \end{aligned} \tag{15.23}$$

が得られる．ここで，$c_0(t)$ と $c_1(t)$ は式 (12.29) によって与えられる．

第16章 有限温度での量子ダイナミックス

これまでは孤立した（「純粋な」）量子系を考えてきた．同じ方法は，ゼロ温度の仮定のもとに,「純粋な」量子系の集団に対しても正しい．実際に，この仮定は温度が考えている準位間の分裂エネルギーに比べて小さいことを意味している．

$$k_BT \ll \hbar\omega_0$$

ここで，k_B はボルツマン定数，ω_0 はキュービットの $|0\rangle$ と $|1\rangle$ の準位間の遷移周波数，T は温度である．Geshenfield, Chuang, Lloyd[28, 29]，Cory，Fahmy，Havel[30] は量子論理ゲートと量子計算が，有限温度や高温 $k_BT \gg \hbar\omega_0$ でも実現できることを指摘した．この不等式は電子や核スピンに対しては典型的なものである．たとえば，核スピンについては，典型的な遷移周波数は $\omega_0/2\pi \sim 10^8$Hz である．そのため，室温（$T \sim 300$ K）では $\hbar\omega_0/k_BT \sim 10^{-5}$ となる．これがこの章で量子系の高温における記述について考察する理由である．その後で，この方法を用いて，第 26 章で室温における量子論理ゲートの実装について議論をしよう．

ゼロ温度の場合を考えるとき，この系が最初に，たとえば基底状態として用意されていると仮定できる．この系の励起状態を占有させるためには，通常は外部から電磁パルスを付加する.「はじめに」の章ですでに述べたように，特有の緩和（デコヒーレンス）時間 t_R より短い時間間隔 $t(t < t_R)$ に対してのみ，量子論理ゲートと量子計算が実現できる（少なくとも文献のなかで議論された）．緩和過程は，ゼロ温度における量子系（真空および他の系との相互作用による) と有限温度における同じ系 (またはこれらの系のある集団)

の両方に対して存在する．そのため，どのような量子系の例であっても，時間 t_R はいつも有限である．それでは，「量子論理ゲートや量子計算について考える場合に，ゼロ温度と有限温度の量子系では主に何が違うのだろうか？」という疑問が起こる．3 つの異なる状況をこれから議論しよう．

I. ゼロ温度では，(純粋または重ね合わせの) 望ましい初期状態の量子系が用意できると仮定する．たとえば個々の 2 準位原子に対しては，この初期条件は基底状態 $|0\rangle$，励起状態 $|1\rangle$，またはこれらの 2 状態の任意の重ね合わせ $\Psi(0) = c_0(0)|0\rangle + c_1(0)|1\rangle$ とすることができる．唯一の制限は $|c_0(0)|^2 + |c_1(0)|^2 = 1$ である．したがって，緩和（デコヒーレンス）時間 t_R より短い時間間隔 t では，量子論理ゲートや量子計算としてこの系を使うことができる．これに対応したダイナミックスはシュレーディンガー方程式によって $t < t_R$ に対して記述することができる．

II. 有限温度で同じ 2 準位原子を扱うことができる．たとえば，これらの原子には「色がつけられている」としてよい．これらは熱浴のなかの原子とは違うエネルギー準位（または異なる量子数）を持つことができる．有限温度であるため，「正確な」初期条件は個々の原子については知られていない．たとえば，もしこの原子が熱浴の原子と熱平衡になっているならば，わかっているのはこの原子が $|0\rangle$ または $|1\rangle$ にあるのを見つける確率，

$$P(E_i) = \frac{e^{-E_i/k_BT}}{\sum_{i=0}^{1} e^{-E_i/k_BT}} \qquad (i = 0,\ 1) \tag{16.1}$$

だけである．この状況では，I で述べたように，たとえ緩和時間 t_R が十分に大きくても量子論理ゲートを実装したり量子計算を実行することはできない．初期条件がわからないために波動関数の手法（シュレーディンガー方程式）は原理的に適用できない．

III. 有限温度において，原子集団に対する密度行列の手法を用いて量子論理ゲートや量子計算が実現できることは，参考文献 [28]-[30] のなかで示された．大雑把に言えば，主な考え方は次のようである．熱平衡では，たとえば $|0\rangle$ と $|1\rangle$ の状態を占有する原子数には差が常に存在する．そのため，もしこれらの 2 状態にある原子数の「差」の時間発展を記述する新しく実効的な密度行列を導入するならば，実効的で「純粋な」量子系の密度行列と同じにな

るであろう！　この状況はより複雑であるが（第 26 章参照），考え方は有望のように見える．

有限温度における原子集団のダイナミックスは Von Neumann（たとえば，参考文献 [48] 参照）により導入された密度行列によって記述できる．第 26 章で量子論理ゲートの時間変動を緩和（デコヒーレンス）時間より短い時間間隔に対して記述するときに，この手法を使わねばならない．

そのため，本章では有限温度にある単一原子ではなく，原子集団の時間発展について議論しなければならない．この集団のすべての原子は波動関数，

$$\Psi = c_0|0\rangle + c_1|1\rangle \tag{16.2}$$

によって記述できる．まず，ゼロ温度で同じ状態に「用意されている」原子集団に対して密度行列を導入する．波動関数の式 (16.2) の代わりに，密度行列 ρ，

$$\rho = |c_0|^2|0\rangle\langle 0| + c_0c_1^*|0\rangle\langle 1| + c_1c_0^*|1\rangle\langle 0| + |c_1|^2|1\rangle\langle 1| \tag{16.3a}$$

について考えることができる．行列表現によれば，密度行列の式 (16.3a) は，

$$\rho = \begin{pmatrix} \rho_{00} & \rho_{01} \\ \rho_{10} & \rho_{11} \end{pmatrix} \tag{16.3b}$$

という形になる．ここで，

$$|c_0|^2 = \rho_{00}, \qquad c_0c_1^* = \rho_{01}, \qquad c_1c_0^* = \rho_{10}, \qquad |c_1|^2 = \rho_{11} \tag{16.4}$$

と定義している．密度行列 ρ は演算子の方程式，

$$i\hbar\dot{\rho} = [\mathcal{H}, \rho] \tag{16.5}$$

を満足している．ここで $[\mathcal{H}, \rho]$ は，

$$[\mathcal{H}, \rho] \equiv \mathcal{H}\rho - \rho\mathcal{H} \tag{16.6}$$

で定義される交換子である．たとえば，行列要素 ρ_{00} については方程式，

$$i\hbar\frac{\partial\rho_{00}}{\partial t} = \mathcal{H}_{00}\rho_{00} + \mathcal{H}_{01}\rho_{10} - \rho_{00}\mathcal{H}_{00} - \rho_{01}\mathcal{H}_{10} = \mathcal{H}_{01}\rho_{10} - \rho_{01}\mathcal{H}_{10} \tag{16.7}$$

を得る．ここではハミルトニアン $\mathcal{H}$ は，

$$\mathcal{H} = \sum_{i,k=0}^{1} \mathcal{H}_{ik} |i\rangle\langle k| \tag{16.8}$$

という形になっていると仮定している．一般的には，行列要素 $\mathcal{H}_{ik}$ は時間に依存する．

式 (16.7) はシュレーディンガー方程式から容易に導出できる．事実，シュレーディンガー方程式は，

$$i\hbar \sum_{n=0}^{1} \dot{c}_n |n\rangle = \left(\sum_{i,k=0}^{1} \mathcal{H}_{ik} |i\rangle\langle k| \right) \left(\sum_{p=0}^{1} c_p |p\rangle \right) = \sum_{i,k=0}^{1} \mathcal{H}_{ik} c_k |i\rangle \tag{16.9}$$

という形に書くことができる．式 (16.9) から係数 c_0 に対する式，

$$i\hbar \dot{c}_0 = \mathcal{H}_{00} c_0 + \mathcal{H}_{01} c_1 \tag{16.10}$$

が得られる．複素共役の方程式は，

$$-i\hbar \dot{c}_0^* = \mathcal{H}_{00} c_0^* + \mathcal{H}_{10} c_1^* \tag{16.11}$$

となる．ここで，ハミルトニアンがエルミート演算子であるという事実，

$$\mathcal{H}_{ik} = \mathcal{H}_{ki}^* \tag{16.12}$$

を考慮に入れている．次に式 (16.10) に c_0^* を，式 (16.11) に $-c_0$ を乗じる．そしてこれらの方程式を加える．その結果，式 (16.7) に対応する次のような方程式が得られる．

$$i\hbar \frac{\partial}{\partial t}(c_0 c_0^*) = \mathcal{H}_{01} c_1 c_0^* - \mathcal{H}_{10} c_0 c_1^* \tag{16.13}$$

有限温度における原子集団については，同じ式 (16.5) を満足する平均行列，

$$\rho = \begin{pmatrix} \langle |c_0|^2 \rangle & \langle c_0 c_1^* \rangle \\ \langle c_1 c_0^* \rangle & \langle |c_1|^2 \rangle \end{pmatrix} \tag{16.14}$$

を使う．熱力学的な平衡状態では，密度行列は次の行列要素，

$$\rho_{kk} = \frac{e^{-E_k/k_BT}}{e^{-E_0/k_BT} + e^{-E_1/k_BT}}, \qquad (k = 0, 1)$$
$$\rho_{01} = \rho_{10} = 0 \tag{16.15}$$

によって与えられる [48]．式 (16.5) では，E_k は k 準位のエネルギーである．

式 (16.4) と式 (16.15) から，有限温度において熱平衡にある状態とゼロ温度において同じ状態で用意されている原子集団に対する密度行列の主な違いがわかる．ゼロ温度の場合には，両行列要素が $\rho_{00} \neq 0$ および $\rho_{11} \neq 0$ ならば，ρ_{01} と ρ_{10} はともにゼロではない．有限温度では，たとえば $\rho_{00} \neq 0$ および $\rho_{11} \neq 0$ が得られるが，$\rho_{01} = \rho_{10} = 0$ になる．関係式，

$$\rho_{00} + \rho_{11} = 1, \qquad \rho_{01} = \rho_{10}^* \tag{16.16}$$

はゼロ温度および有限温度に対して正しい．両方の場合に対する，ρ_{00} と ρ_{11} の値は対応するエネルギー準位の占有確率を記述している．

次に，一例として正の z 方向を向いている定磁場のなかにある核スピン $I = 1/2$ の集団を考えよう．2 つのエネルギー準位，

$$E_0 = -\frac{\hbar\omega_0}{2}, \qquad E_1 = \frac{\hbar\omega_0}{2}$$

を持つ系のハミルトニアンは式 (12.3) によって与えられる．熱平衡状態における密度行列の要素は，式 (16.15) からわかる．

$$\rho_{00} = \frac{e^{\hbar\omega_0/2k_BT}}{e^{\hbar\omega_0/2k_BT} + e^{-\hbar\omega_0/2k_BT}}$$
$$\rho_{11} = \frac{e^{-\hbar\omega_0/2k_BT}}{e^{\hbar\omega_0/2k_BT} + e^{-\hbar\omega_0/2k_BT}}$$
$$\rho_{01} = \rho_{10} = 0 \tag{16.17}$$

高温の場合 $\hbar\omega_0 \ll k_BT$ については（これは電子や核スピンによる量子計算では特に興味がある），式 (16.17) は $\hbar\omega_0/k_BT$ について 1 次まで展開できる．

$$\rho_{00} = \frac{1}{2}(1 + \hbar\omega_0/2k_BT), \qquad \rho_{11} = \frac{1}{2}(1 - \hbar\omega_0/2k_BT) \tag{16.18}$$

式 (16.18) は演算子の形,

$$\rho = \frac{1}{2}E + (\hbar\omega_0/2k_BT)I^z \tag{16.19}$$

に書ける．ここで E は単位行列で，I^z はスピン 1/2 スピンの z 成分に対する演算子〔式 (12.4) と式 (12.5) 参照〕である．式 (16.19) は密度行列に対する一般式,

$$\rho = \frac{\exp(-\mathcal{H}/k_BT)}{\mathrm{Tr}\{\exp(-\mathcal{H}/k_BT)\}} \tag{16.20}$$

からも得られる．式 (16.20) のなかで，$\mathcal{H} = -\hbar\omega_0 I^z$ は系のハミルトニアンであり〔式 (12.3) 参照〕，Tr は密度行列の対角要素の総和を意味する．

式 (16.19) の初項は無限大の温度 $T \to \infty$ で，エネルギー準位が等しく占有されている密度行列を記述している．式 (16.19) の第 2 項は有限温度による 1 次補正を記述している．

次に周波数 ω_0 を持つ共鳴電磁場の影響下にある密度行列の時間発展について考えよう．ハミルトニアンの式 (12.24) を密度行列の式 (16.5) に代入すれば，行列要素に対する方程式,

$$i\hbar\dot{\rho}_{ik} = \mathcal{H}_{in}\rho_{nk} - \rho_{in}\mathcal{H}_{nk} \tag{16.21}$$

が導ける．ここで,

$$\begin{aligned} \mathcal{H}_{00} &= -\frac{\hbar\omega_0}{2}, \qquad \mathcal{H}_{11} = \frac{\hbar\omega_0}{2} \\ \mathcal{H}_{01} &= -\frac{\hbar\Omega}{2}e^{i\omega_0 t}, \quad \mathcal{H}_{10} = \mathcal{H}_{01}^* \end{aligned} \tag{16.22}$$

および繰り返している添え字 n について総和をとると仮定している．そこで密度行列要素に対する方程式が明示的に書ける．

$$\begin{aligned} 2i\dot{\rho}_{00} &= -\Omega\left(\rho_{10}e^{i\omega_0 t} - \rho_{01}e^{-i\omega_0 t}\right) \\ 2i\dot{\rho}_{11} &= \Omega\left(\rho_{10}e^{i\omega_0 t} - \rho_{01}e^{-i\omega_0 t}\right) \\ 2i\dot{\rho}_{01} &= -2\omega_0\rho_{01} + \Omega e^{i\omega_0 t}(\rho_{00} - \rho_{11}) \\ 2i\dot{\rho}_{10} &= 2\omega_0\rho_{10} + \Omega e^{-i\omega_0 t}(\rho_{00} - \rho_{11}) \end{aligned} \tag{16.23}$$

$\rho_{00} + \rho_{11} = 1$ であるため，式 (16.23) のなかの 2 番目の式は 1 番目の式から得られ，結局，

$$\dot{\rho}_{11} = -\dot{\rho}_{00} \tag{16.24}$$

であることに注意．$\rho_{01} = \rho_{10}^*$ であるため，式 (16.23) の最後の式は 3 番目の式から得られる．

式 (16.23) は時間依存性を明示的に含んでいる．密度行列に対して時間に依存しない方程式を導くために，回転系への変換と等価な置き換えをする．

$$\rho_{01} = \rho_{01}' e^{i\omega_0 t}, \qquad \rho_{10} = \rho_{10}' e^{-i\omega_0 t} \tag{16.25}$$

上付きの「$'$（ダッシュ）」を省略すれば，式 (16.23) から，

$$\begin{gathered} 2i\dot{\rho}_{00} = \Omega(\rho_{01} - \rho_{10}) \\ 2i\dot{\rho}_{01} = \Omega(\rho_{00} - \rho_{11}) \\ \rho_{10} = \rho_{01}^*, \qquad \rho_{11} = 1 - \rho_{00} \end{gathered} \tag{16.26}$$

が導かれる．式 (16.26) から解，

$$\begin{gathered} \rho_{00} = a\cos\Omega t + b\sin\Omega t + 1/2 \\ \rho_{01} = c + i(b\cos\Omega t - a\sin\Omega t) \\ a = \rho_{00}(0) - \frac{1}{2}, \quad b = \frac{\rho_{01}(0) - \rho_{10}(0)}{2i}, \quad c = \frac{\rho_{01}(0) + \rho_{10}(0)}{2} \end{gathered} \tag{16.27}$$

が得られる．式 (16.27) におけるすべての係数は実数であることに注意しよう．この系の初期状態が熱平衡状態にあれば，係数 a のみがゼロではなくなり，この場合には，

$$\begin{gathered} \rho_{00} = \left(\rho_{00}(0) - \frac{1}{2}\right)\cos\Omega t + \frac{1}{2} \\ \rho_{01} = -i\left(\rho_{00}(0) - \frac{1}{2}\right)\sin\Omega t \end{gathered} \tag{16.28}$$

が得られる．$T \to \infty$ のとき，式 (16.17) から $\rho_{00}(0) = 1/2$，そして解の式 (16.28) は時間に依存しない．

$$\rho_{00} = \frac{1}{2}, \qquad \rho_{01} = 0 \tag{16.29}$$

そのため，この系の時間発展は，式 (16.19) における初期の密度行列の $E/2$ からの差だけに依存する．

初期の密度行列の式 (16.19) に対する解，

$$\rho_{00} = \frac{1}{2}\left(\frac{\hbar\omega_0}{2k_BT}\cos\Omega t + 1\right)$$
$$\rho_{01} = -\frac{i\hbar\omega_0}{4k_BT}\sin\Omega t \tag{16.30}$$

が得られる．π パルスを加えると，このパルスを作用させた後に，

$$\rho_{00} = \frac{1}{2}\left(1 - \frac{\hbar\omega_0}{2k_BT}\right), \qquad \rho_{01} = 0$$

を得る．π パルスを作用させた後では，ρ_{00} の値は $\rho_{11}(0) = 1 - \rho_{00}(0)$ の値に等しいことに注意しよう．

概略的には，密度行列の式 (16.19) によって記述されるこのスピン集団の状態は単一スピンが状態 $|0\rangle$ にあるようなものと考えることができる．同様に密度行列，

$$\rho = \frac{1}{2}E - \frac{\hbar\omega_0}{2k_BT}I^z \tag{16.31}$$

を持つスピン集団の状態は単一スピンが状態 $|1\rangle$ にあるようなものと考えることができる．π パルスはスピン集団を状態 $|i\rangle$ から状態 $|k\rangle$ にさせる．ここで $i \neq k$，i，$k = 0$ または 1 である．純粋な量子力学的状態とは異なり，どのような位相因子も付かない遷移，

$$|i\rangle \to |k\rangle, \qquad (i \neq k) \tag{16.32}$$

が得られる．

「何が有限温度におけるスピン集団の量子状態の重ね合わせに対応するのだろうか？」という疑問が起こる．この疑問に答えるために,「純粋な」量子力学系に対して量子状態の重ね合わせを作る $\pi/2$ パルスを加えてみよう．式 (16.30) から，$\pi/2$ パルスを作用させた後には，

$$\rho_{00} = \frac{1}{2}, \qquad \rho_{01} = -\frac{i\hbar\omega_0}{4k_BT} \tag{16.33}$$

が得られる．式 (16.33) から，純粋な状態を量子的に重ね合わせるのは，有限温度におけるスピン集団に対する密度行列に非対角要素が現れることに対応することがわかる．

次に，純粋な量子力学系とこの集団に対する平均値の時間発展を比較しよう．純粋な系に対する平均スピンの時間発展は式 (12.37) によって与えられている．この集団については，任意の演算子 A の平均値は，

$$\langle A\rangle = \mathrm{Tr}\{A\rho\} \tag{16.34}$$

で与えられる．スピン演算子 I^x，I^y，I^z 〔式 (12.4) と式 (12.10)〕，および密度行列の式 (16.30) については，

$$\begin{aligned}
\langle I^x\rangle &= \rho_{ik}I^x_{ki} = \rho_{01}I^x_{10} + \rho_{10}I^x_{01} = \frac{1}{2}(\rho_{01}+\rho_{10}) = 0\\
\langle I^y\rangle &= \rho_{01}I^y_{10} + \rho_{10}I^y_{01} = \frac{i}{2}(\rho_{01}-\rho_{10}) = \frac{\hbar\omega_0}{4k_BT}\sin\Omega t\\
\langle I^z\rangle &= \rho_{00}I^z_{00} + \rho_{11}I^z_{11} = \frac{1}{2}(\rho_{00}-\rho_{11}) = \rho_{00}-\frac{1}{2} = \frac{\hbar\omega_0}{4k_BT}\cos\Omega t
\end{aligned} \tag{16.35}$$

が得られる．式 (16.35) によって，

$$\langle I^z\rangle(0) = \frac{\hbar\omega_0}{4k_BT} \tag{16.36}$$

となることを考慮に入れると，

$$\begin{aligned}
\langle I^x\rangle(t) &= 0\\
\langle I^y\rangle(t) &= \langle I^z\rangle(0)\sin\Omega t\\
\langle I^z\rangle(t) &= \langle I^z\rangle(0)\cos\Omega t
\end{aligned} \tag{16.37}$$

が得られるが，これは正確に式 (12.37) に等しい（その式では $\langle I^z\rangle(0) = 1/2$ である）．

この章を終えるにあたり，純粋な量子系と集団のダイナミックスとは正確には一致しないということを強調したい．式 (12.31) から，純粋な系に対し

ては，

$$U^{\pi}|0\rangle = i|1\rangle$$
$$U^{2\pi}|0\rangle = -|0\rangle$$
$$U^{3\pi}|0\rangle = -i|1\rangle$$
$$U^{4\pi}|0\rangle = |0\rangle \tag{16.38}$$

となることがわかる．ここで $U^{n\pi}$ は $n\pi$ パルス（n は整数）の作用に対応したユニタリ演算子である．π パルスにより付加的な位相シフト $i = e^{i\pi/2}$ が生じるということがわかる．また，2π パルスは，位相シフトが $-1 = e^{i\pi}$ であるため，系を初期状態へ戻さないということもわかる．スピン集団に対しては，式 (16.30) により π パルスを作用させた後に，

$$\pi\text{:}\quad |0\rangle \to |1\rangle \tag{16.39}$$

が得られ，2π パルスを作用させた後には，

$$2\pi\text{:}\quad |0\rangle \to |0\rangle$$

が得られる．この場合には，2π パルスはスピン集団を初期状態へ戻す．

第17章 量子計算の物理的実現

さて量子計算の現実的な物理系への実装について考えよう．論理ゲートに使われた最初の物理系は，周辺から十分に孤立しているイオントラップによる冷却イオン系であった．

標準的なラジオ周波数（rf）四重極トラップ（パウル・トラップ）は，運動によって任意に変位する荷電粒子に対して復元力を受けさせる四重極の変動電場を備えている [49]．ただ1つのイオンだけが，rf電場がゼロになっているトラップの中央の場所にいることができる．いくつかのイオンをたくわえるには，軸方向に閉じ込めるための静電場を付加した線形トラップを使うことができる [50, 51]．イオンの光学遷移の周波数より少しだけ小さい周波数のレーザ光線によってイオンの運動エネルギーを減少させることにより冷却させる．

線形トラップでは，イオンの振動準位の間隔はイオンが光子を放出することによる反跳エネルギー（ラム・ディッケ限界）より大きい．この限界内において，イオン系は振動運動の基底状態まで冷却できる．そのため，各イオンは光子の波長に比べて小さい領域に集められている．隣り合うイオン間の距離は任意のイオンをレーザで選択励起するのに十分なだけ開いている．

Cirac と Zoller は，イオンの電子的な準安定状態と，イオン列の重心による振動運動のエネルギー準位とを用いた系によって，量子論理ゲートを実装するという提案をした [21]．ここでは，イオントラップ内のイオンを用いた量子計算について述べる．

いくつかのイオンが線形構造を形成するトラップ内に置かれていると仮定する．隣り合うイオンの間隔は，レーザ光線によってトラップ内のただ1つ

だけのイオンを駆動するのに十分なだけ開いている．イオンの第 1 励起状態は長い輻射性寿命を持つ準安定状態である．共鳴定在波レーザパルスを任意の特定イオンに当てることによって，電子的な基底状態 $|0\rangle$ と準安定状態 $|1\rangle$ との間のでただ 1 つだけのキュービットに回転を与える．

$$U^{\alpha}(\varphi)|0\rangle = \cos(\alpha/2)|0\rangle - ie^{i\varphi}\sin(\alpha/2)|1\rangle$$
$$U^{\alpha}(\varphi)|1\rangle = \cos(\alpha/2)|1\rangle - ie^{-i\varphi}\sin(\alpha/2)|0\rangle \tag{17.1}$$

ここで α は回転角，φ はレーザの位相である．イオンが均衡する位置はレーザの定在波の腹（最大振幅の領域）に一致していると仮定する．ユニタリ行列 $U^{\alpha}(\varphi)$ は核スピンに対応した行列〔式 (13.9) 参照〕の共役である．矩形のレーザパルスでは，$\alpha = \Omega t$ である．ここでスピン系ではどうかと言えば t はパルスの長さ，Ω はラビ周波数（これはレーザビームの電場に比例する）になる．Cirac と Zoller はレーザパルスを加えることによって CN ゲートと B_{jk} 変換をどのように実装するのかについても示した.（この方法は次章で述べる.）

さて最も簡単な例，つまりトラップされたイオンの系を用いて数値 $N = 4$ の因数分解について議論しよう．X レジスタは $D = N^2$ 個の状態を含むと仮定する．そのため，X レジスタには $\log_2 16 = 4$ 個のイオンがある．Y レジスタには N 個の状態があると仮定する．そのため，Y レジスタについては $\log_2 4 = 2$ 個のイオンがある．次に，デジタルコンピュータを使い，N の素因数（y と N の最大公約数が 1）になる数 y を選択する（第 6 章参照）．ここで扱う例では，そのような数が 1 つだけある（$y = 3$）．周期関数の式 (6.1) の値は，

$$f(x) = 3^x \pmod 4 \tag{17.2}$$

である．これにより，

$$f(0) = 1 \pmod 4 = 1$$
$$f(1) = 3 \pmod 4 = 3$$
$$f(2) = 9 \pmod 4 = 1$$
$$f(3) = 27 \pmod 4 = 3$$

$$f(4) = 81 \ (\mathrm{mod}\ 4) = 1 \tag{17.3}$$

などが得られる．ここで関数 $f(x)$ の周期が「わからない」ために，ショアのアルゴリズムを使って周期を見つけたいとしよう（第 4 章参照）．系の初期状態は基底状態になっている．

$$|0000, 00\rangle \tag{17.4}$$

イオントラップの最初の 4 つのイオンが X レジスタにあたる．最後の 2 つのイオンは Y レジスタにあたる．そこで X レジスタのイオンに位相 $\pi/2$ を持つ $\pi/2$ パルスを連続的に加えて，状態，

$$\Psi = \frac{1}{4}(|0\rangle + |1\rangle)(|0\rangle + |1\rangle)(|0\rangle + |1\rangle)(|0\rangle + |1\rangle)|00\rangle \tag{17.5}$$

を得る．次に，式 (11.1) による CN ゲートを X レジスタの最後のイオン（制御ビット）と，Y レジスタの最初のイオン (標的イオン) にかける．このとき，次の状態を得る．

$$\Psi_1 = \frac{1}{4}(|0\rangle + |1\rangle)(|0\rangle + |1\rangle)(|0\rangle + |1\rangle) \otimes (|0\rangle|0\rangle + |1\rangle|1\rangle)|0\rangle \tag{17.6}$$

最後に，位相 $\pi/2$ の π パルスを Y レジスタの最後のキュービットに加えれば，

$$\begin{aligned}\Psi_2 &= \frac{1}{4}(|0\rangle + |1\rangle)(|0\rangle + |1\rangle)(|0\rangle + |1\rangle) \otimes (|0\rangle|0\rangle + |1\rangle|1\rangle)|1\rangle \\ &= \frac{1}{4}\{|0000, 01\rangle + |0001, 11\rangle + |0010, 01\rangle + |0011, 11\rangle + \\ &\qquad |0100, 01\rangle + |0101, 11\rangle + |0110, 01\rangle + |0111, 11\rangle + \\ &\qquad |1000, 01\rangle + |1001, 11\rangle + |1010, 01\rangle + |1011, 11\rangle + \\ &\qquad |1100, 01\rangle + |1101, 11\rangle + |1110, 01\rangle + |1111, 11\rangle\}\end{aligned} \tag{17.7}$$

が得られる．X と Y レジスタに対して 10 進数記法を使えば，式 (17.7) は次の形に書き換えることができる．

$$\begin{aligned}\Psi_2 = \frac{1}{4}\{&|0, 1\rangle + |1, 3\rangle + |2, 1\rangle + |3, 3\rangle + |4, 1\rangle + \\ &|5, 3\rangle + |6, 1\rangle + |7, 3\rangle + |8, 1\rangle + |9, 3\rangle + |10, 1\rangle + |11, 3\rangle + \\ &|12, 1\rangle + |13, 3\rangle + |14, 1\rangle + |15, 3\rangle\}\end{aligned} \tag{17.8}$$

これは式 (4.3) と同じ $|x, f(x)\rangle$ の重ね合わせであり，ショアのアルゴリズムにしたがって離散的なフーリエ変換のために用意されるべき関数の式 (17.2) に対するものである．次に，X レジスタに対する離散的なフーリエ変換を得るために一連の演算子，

$$A_0 B_{01} B_{02} B_{03} A_1 B_{12} B_{13} A_2 B_{23} A_3 \tag{17.9}$$

をかける（第 5 章参照）．演算子 A_j と B_{jk} が次の規則によって定義されていることを思い出そう．

$$\begin{gathered}
A_j|0_j\rangle = \frac{1}{\sqrt{2}}(|0_j\rangle + |1_j\rangle) \\
A_j|1_j\rangle = \frac{1}{\sqrt{2}}(|0_j\rangle - |1_j\rangle) \\
B_{jk}|0_k 0_j\rangle = |0_k 0_j\rangle, \qquad B_{jk}|0_k 1_j\rangle = |0_k 1_j\rangle \\
B_{jk}|1_k 0_j\rangle = |1_k 0_j\rangle, \qquad B_{jk}|1_k 1_j\rangle = \exp(i\pi/2^{k-j})|1_k 1_j\rangle
\end{gathered} \tag{17.10}$$

X レジスタのイオンを，$|x_3 x_2 x_1 x_0\rangle$ と考える．(電磁パルスを使ってこれらの演算子をどのように実現するかについては後で述べる.) そこで，式 (17.9) を状態 Ψ_2 にかけることにより，式 (17.7) の右辺の初項に対しては，

1. $$\begin{aligned} A_3|0000, 001\rangle &= \frac{1}{\sqrt{2}}(|0\rangle + |1\rangle)|000\rangle|01\rangle \\ &= \frac{1}{\sqrt{2}}(|0000, 01\rangle + |1000, 01\rangle) \\ &\equiv |S_1\rangle \end{aligned}$$
2. $$B_{23}|S_1\rangle = |S_1\rangle$$
3. $$\begin{aligned} A_2|S_1\rangle &= \frac{1}{2}\{|0\rangle(|0\rangle + |1\rangle)|00\rangle|01\rangle + |1\rangle(|0\rangle + |1\rangle)|00\rangle|01\rangle\} \\ &= \frac{1}{2}(|0000, 01\rangle + |0100, 01\rangle + |1000, 01\rangle + |1100, 01\rangle) \\ &\equiv |S_3\rangle \end{aligned}$$
4. $$B_{13}|S_3\rangle = |S_3\rangle$$

$$5. \quad B_{12}|S_3\rangle = |S_3\rangle$$

$$6. \quad A_1|S_3\rangle = \frac{1}{\sqrt{8}}(|0000,01\rangle + |0010,01\rangle + |0100,01\rangle + |0110,01\rangle + |1000,01\rangle + |1010,01\rangle + |1100,01\rangle + |1110,01\rangle) \equiv |S_6\rangle$$

$$7. \quad B_{03}|S_6\rangle = |S_6\rangle$$

$$8. \quad B_{02}|S_6\rangle = |S_6\rangle$$

$$9. \quad B_{01}|S_6\rangle = |S_6\rangle$$

$$10. \quad A_0|S_6\rangle = \frac{1}{4}(|0000,01\rangle + |0001,01\rangle + |0010,01\rangle + |0011,01\rangle + |0100,01\rangle + |0101,01\rangle + |0110,01\rangle + |0111,01\rangle + |1000,01\rangle + |1001,01\rangle + |1010,01\rangle + |1011,01\rangle + |1100,01\rangle + |1101,01\rangle + |1110,01\rangle + |1111,01\rangle) \equiv |S_{10}\rangle \tag{17.11}$$

が得られる．ここで，$|S_k\rangle$ は k 番目のステップで得られた状態を示す．

次に，たとえば，式 (17.7) の右辺の第 3 項に対して同じ計算を繰り返さねばならない．

$$1. \quad A_3|0010,01\rangle = \frac{1}{\sqrt{2}}(|0\rangle + |1\rangle)|010\rangle|01\rangle = \frac{1}{\sqrt{2}}(|0010,01\rangle + |1010,01\rangle) \equiv |S_1\rangle$$

$$2. \quad B_{23}|S_1\rangle = |S_1\rangle$$

$$3. \quad A_2|S_1\rangle = \frac{1}{2}\{|0\rangle(|0\rangle + |1\rangle)|10\rangle|01\rangle + |1\rangle(|0\rangle + |1\rangle)|10\rangle|01\rangle\} = \frac{1}{2}(|0010,01\rangle + |0110,01\rangle + |1010,01\rangle + |1110,01\rangle) \equiv |S_3\rangle$$

4. $$B_{13}|S_3\rangle = \frac{1}{2}\Big\{|0010,01\rangle + |0110,01\rangle + e^{i\pi/4}|1010,01\rangle + e^{i\pi/4}|1110,01\rangle\Big\} \equiv |S_4\rangle$$

5. $$B_{12}|S_4\rangle = \frac{1}{2}\Big\{|0010,01\rangle + e^{i\pi/2}|0110,01\rangle + e^{i\pi/4}|1010,01\rangle + e^{3i\pi/4}|1110,01\rangle\Big\} \equiv |S_5\rangle$$

6. $$A_1|S_5\rangle = \frac{1}{\sqrt{8}}\Big\{|0000,01\rangle - |0010,01\rangle + e^{i\pi/2}|0100,01\rangle - e^{i\pi/2}|0110,01\rangle + e^{i\pi/4}|1000,01\rangle - e^{i\pi/4}|1010,01\rangle + e^{3i\pi/4}|1100,01\rangle - e^{3i\pi/4}|1110,01\rangle\Big\} \equiv |S_6\rangle$$

7. $$B_{03}|S_6\rangle = |S_6\rangle$$

8. $$B_{02}|S_6\rangle = |S_6\rangle$$

9. $$B_{01}|S_6\rangle = |S_6\rangle$$

10. $$A_0|S_6\rangle = \frac{1}{4}\{|0000,01\rangle + |0001,01\rangle - |0010,01\rangle - |0011,01\rangle + e^{i\pi/2}|0100,01\rangle + e^{i\pi/2}|0101,01\rangle - e^{i\pi/2}|0110,01\rangle - e^{i\pi/2}|0111,01\rangle + e^{i\pi/4}|1000,01\rangle + e^{i\pi/4}|1001,01\rangle - e^{i\pi/4}|1010,01\rangle - e^{i\pi/4}|1011,01\rangle + e^{3i\pi/4}|1100,01\rangle + e^{3i\pi/4}|1101,01\rangle - e^{3i\pi/4}|1110,01\rangle - e^{3i\pi/4}|1111,01\rangle\Big\} \equiv |S_{10}\rangle \tag{17.12}$$

式 (17.11) と式 (17.12) から，建設的干渉が状態 $|0000,01\rangle$ および $|0001,01\rangle$ に対して起こることがわかる．建設的干渉は状態 $|0000,11\rangle$ および $|0001,11\rangle$ に対しても起こる．X レジスタのイオンの状態を測定することにより，同じ確率 1/2 で状態 $|0000\rangle$ または $|0001\rangle$ が得られる．(そのような測定をどのように実現するのかについては後で述べる．) 本章で述べた処理の全部（適切な

パルスを印加し X レジスタの状態を測定する処理）を 2 ～ 3 回繰り返すことにより，最初の 4 つのイオンの状態のうちの約半分が $|0000\rangle$ になっていて，残りの半分が $|0001\rangle$ になっていることがわかる．X レジスタのキュービットを逆にすることにより（第 5 章参照），状態 $|0000\rangle$ と $|1000\rangle$ または 10 進数記法では $|0\rangle$ と $|8\rangle$ が得られる．このことは，

$$D/T = 16/T = 8 \tag{17.13}$$

となることを意味し（第 4 章参照），結局，式 (17.2) の関数 $f(x)$ の周期 T は，$T = 2$ である．次に，$z = y^{T/2} = 3^1 = 3$ を計算する．$(z+1, N) = (4, 4)$ の最大公約数は 1．$(z-1, N) = (2, 4)$ の最大公約数は 2，これはわれわれが見つけたかった 4 の因数である．

第18章
イオントラップによるCONTROL-NOTゲート

次に前章で述べた変換を，イオントラップのイオンに電磁パルスを加えることによって実現する方法について考える．キュービットはイオンの基底状態と長寿命（準安定）の励起状態から成っている．論理ゲートを実現するために，Cirac と Zoller[21] は，たとえば異なる偏光，σ_+ と σ_- のレーザ光線（図 18.1）によってできる n 番目のイオンの 2 つの励起した縮退状態（同じエネルギーを持つ状態）の $|1_n\rangle$ と $|2_n\rangle$ を考えた．状態 $|2_n\rangle$ は補助的状態として使われる．

任意の 2 準位系の時間発展はシュレーディンガー方程式により記述される．

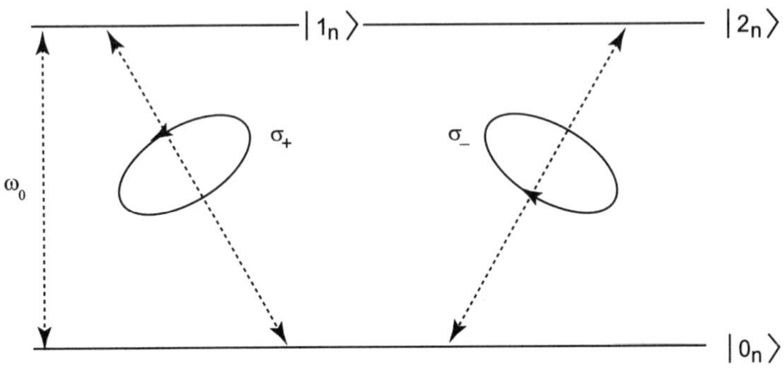

図 18.1　n 番目のイオンのエネルギー準位．異なる偏光のレーザ光線によって独立に状態 $|1_n\rangle$ と $|2_n\rangle$ にすることができる．ω_0 は光学遷移の周波数である．

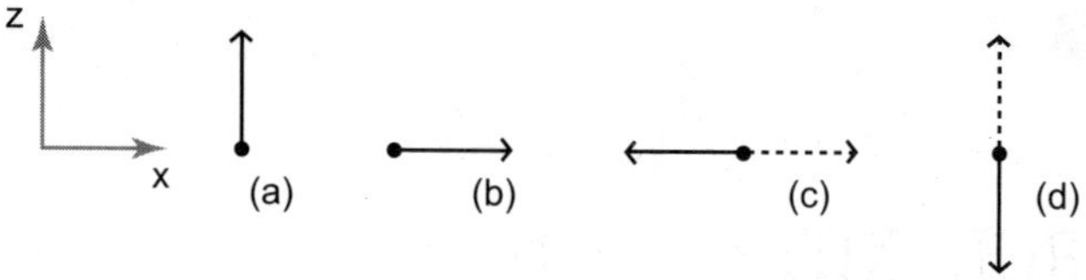

図 18.2　標的キュービットを表す実効的な平均スピン $\vec{S}_n$ の回転. (a) スピンの初期方向, (b) 最初の $\pi/2$ パルスを作用させた後の方向, (c) シラック・ゾラー ゲートを実現する 3 つのパルスを作用させた後の方向. (d) 最後の $\pi/2$ パルスを作用させた後の方向. (c) と (d) の実線は制御キュービットが励起状態の場合に, 破線は制御キュービットが基底状態の場合に対応している. (a) と (b) における有効スピンの方向は制御キュービットの状態には依存しない.

そのことは，スピン系の時間発展が平均スピンの歳差運動（第 12 章）という言葉を使って議論することができるので，特殊な力学系を説明するために「実効的な」スピン系を考えることがしばしば便利な理由である．ここではこの方法について述べよう．

まず最初に CN ゲートについて考える．Cirac と Zoller の主な考えは，概略的に言えば，次のようなものである．制御キュービットは m 番目のイオンにより実装され，標的キュービットは n 番目のイオンにより実装されていると仮定する．光学遷移の周波数 ω_0 と偏光 σ_+ を持つ $\pi/2$ パルスを n 番目のイオンに作用させる．この変換に関連した実効的スピン $\vec{S}_n$ の初期状態は $+z$ 軸（図 18.2）に向いていると仮定する．$\pi/2$ パルスを作用させた後には，このスピンは $x-y$ 平面にあり，たとえば，回転座標系において $+x$ 軸に向いている．その後，周波数 $\omega_0-\omega_x$ の 3 つのパルス（ここで，ω_x は振動周波数である），つまり，(1)m 番目のイオンに作用する σ_+ 偏光の π パルス，(2)n 番目のイオンに作用する σ_- 偏光の 2π パルス，(3)m 番目のイオンに作用する σ_+ 偏光の π パルス，を続けて加える．これらの 3 つのパルスによる効果は次のようである．すなわち，これらのパルスを作用させる前に m 番目のイオンが励起状態 $|1_m\rangle$〔図 18.2(c) の実線〕にある場合は実効的スピン $\vec{S}_n$ は $+x$ から $-x$ 軸へ反転し，m 番目のイオンが基底状態 $|0_m\rangle$〔図 18.2(c) の破線〕にある場合は $\vec{S}_n$ の方向は変わらない．これらの 3 つのパルスを作用させた後に，

周波数 ω_0 で σ_+ 偏光を持ち位相が最初の $\pi/2$ パルスの位相とは π だけ異なる $\pi/2$ パルスを n 番目のイオンに加える．もし最後の $\pi/2$ パルスを作用させる前にスピン $\vec{S}_n$ が $+x$ 軸に向いていたならば，初期の z 軸に沿った方向〔図 18.2(d) の破線〕に戻る．もし $\vec{S}_n$ が $-x$ 軸に向いていたならば，スピンは $-z$ 軸方向に向くようになる〔図 18.2(d) の実線〕．そのため，m 番目のイオンが励起状態にあったならば，n 番目のイオンは状態を変える．これが量子 CN ゲートの実現法である（m 番目のイオンの状態は 5 つのパルスを作用させた後でも変化していない）．

この考えを実現するために，Cirac と Zoller は次の規則に従って動作する量子ゲート（CZ ゲート）を導入した．

$$
\begin{aligned}
|0_n 0_m\rangle &\to |0_n 0_m\rangle \\
|0_n 1_m\rangle &\to |0_n 1_m\rangle \\
|1_n 0_m\rangle &\to |1_n 0_m\rangle \\
|1_n 1_m\rangle &\to -|1_n 1_m\rangle
\end{aligned}
\tag{18.1}
$$

次にこのゲートをどのように実装するかについて考えよう．レーザの周波数は $\omega' = \omega_0 - \omega_x$ で，偏光は σ_+，n 番目のイオンの平均位置はレーザの定在波の節に一致していると仮定する．このとき，n 番目のイオンとレーザ光線との相互作用を記述するハミルトニアンは，

$$
\mathcal{H}_n = \hbar(\eta\Omega/2)\left(|1_n\rangle\langle 0_n|ae^{-i\varphi} + |0_n\rangle\langle 1_n|a^\dagger e^{i\varphi}\right) \tag{18.2}
$$

となる [21]．ここで，$a^\dagger$ と a は振動フォノンを生成および消滅させる演算子である．演算子 $a^\dagger$ はイオン系の全体を振動の基底状態から第 1 励起状態にする（フォノンを生成する）．演算子 a はイオン系の全体を振動の励起状態から基底状態にする（フォノンを吸収する）．パラメータ η は式，

$$
\eta = k\sqrt{\frac{\pi\hbar}{m_0 N\omega_x}}\cos\Theta \tag{18.3}
$$

によって与えられる．ここで，k はレーザ光線の波数ベクトル，m_0 はイオンの質量，N はイオンの数，Θ はイオンの重心運動軸とレーザ光線の伝播方向とのなす角である．レーザ光線の位相は以前のように，φ としている．

もしレーザ光線の周波数が $\omega_0 - \omega_x$ ならば，このレーザ光線は 2 つの過程を誘導できる．n 番目のイオンが基底状態 $|0_n\rangle$ にあって，イオン系の全体が振動の励起状態にあるならば，イオン系の全体はエネルギー $\hbar\omega_x$ を放出して振動の基底状態へ遷移することができる．同時に，n 番目のイオンはこのエネルギー $\hbar\omega_x$ と光子のエネルギー $\hbar(\omega_0 - \omega_x)$ を吸収し，励起状態 $|1_n\rangle$ へ遷移する．この過程は式 (18.2) の初項によって記述されている．もし n 番目の原子が初期に励起状態 $|1_n\rangle$ にあって，イオン系が振動の基底状態にあるならば，n 番目のイオンは周波数 $(\omega_0 - \omega_x)$ の光子と周波数 ω_x のフォノンを発生させて基底状態に遷移することができる．(フォノンの発生はイオン系の全体が振動の基底状態から励起状態へ遷移することを意味する．) この過程は式 (18.2) の第 2 項によって記述されている．

もし，レーザ光線が σ_- 偏光で，同じ周波数 $(\omega_0 - \omega_x)$ であるならば，n 番目のイオンとこのレーザ光線の相互作用はハミルトニアン，

$$\mathcal{H}_n = \hbar(\eta\Omega/2)\left(|2_n\rangle\langle 0_n|ae^{-i\varphi} + |0_n\rangle\langle 2_n|a^\dagger e^{i\varphi}\right) \tag{18.4}$$

によって記述される．この場合，レーザ光線は状態 $|0_n\rangle$ と $|2_n\rangle$ の間の遷移を誘導する．レーザ光線の作用のもとでは，σ_+ 偏光については状態 $|0_n1\rangle$ と $|1_n0\rangle$ の間で，σ_- 偏光については状態 $|0_n2\rangle$ と $|2_n0\rangle$ の間である種の「回転」が得られる．ここで添え字のない $|0\rangle$ と $|1\rangle$ はそれぞれ振動運動の基底状態と第 1 励起状態を示している．σ_+ 偏光のレーザ光線を作用させることによる回転遷移は式，

$$\begin{aligned}
|0_n1\rangle &\to \cos(\alpha/2)|0_n1\rangle - ie^{i\varphi}\sin(\alpha/2)|1_n0\rangle \\
|1_n0\rangle &\to \cos(\alpha/2)|1_n0\rangle - ie^{-i\varphi}\sin(\alpha/2)|0_n1\rangle
\end{aligned} \tag{18.5}$$

によって与えられる．ここで，α は回転角，$\alpha = \eta\Omega\tau$，τ はパルスの幅である．σ_- パルスの作用による回転変換は，式 (18.5) と同じ式で 1_n を 2_n に置き換えることにより与えられる．変換の式 (18.5) は 1 キュービット回転の式 (17.1) と同じユニタリ演算子によって記述されるが，回転角 α に対する式は，これらの 2 つの場合には異なっていることに注意．これに相当する演算子を $U_n^\alpha(\omega, \sigma, \varphi)$ によって示す．ここで，n はイオンの位置，α は回転角，ω，σ，

表 18.1　3 つのパルスを作用した結果としての，CZ ゲート [21].

$\lvert 0_m 0_n 0\rangle$		$\lvert 0_m 0_n 0\rangle$		$\lvert 0_m 0_n 0\rangle$		$\lvert 0_m 0_n 0\rangle$
$\lvert 0_m 1_n 0\rangle$	$\overset{U_m^{\pi}(\omega')}{\Longrightarrow}$	$\lvert 0_m 1_n 0\rangle$	$\overset{U_n^{2\pi}(\omega',\sigma_-)}{\Longrightarrow}$	$\lvert 0_m 1_n 0\rangle$	$\overset{U_m^{\pi}(\omega')}{\Longrightarrow}$	$\lvert 0_m 1_n 0\rangle$
$\lvert 1_m 0_n 0\rangle$		$-i\lvert 0_m 0_n 1\rangle$		$i\lvert 0_m 0_n 1\rangle$		$\lvert 1_m 0_n 0\rangle$
$\lvert 1_m 1_n 0\rangle$		$-i\lvert 0_m 1_n 1\rangle$		$-i\lvert 0_m 1_n 1\rangle$		$-\lvert 1_m 1_n 0\rangle$

φ は対応するレーザ光線の周波数，偏光，位相を示す．（もし $\omega = \omega_0$ ならば周波数を，$\sigma = \sigma_+$ ならば偏光を，$\varphi = 0$ ならば位相を省略する.）

さてわれわれは，周波数 $\omega' = \omega_0 - \omega_x$ を持つ 3 つのパルスを用いて CZ ゲートの式 (18.1) の実装について述べる準備ができている．最初に偏光 σ_+ で位相 $\varphi = 0$ の π パルスが m 番目のイオンに作用すると仮定する．これに相当する変換はユニタリ行列 $U_m^{\pi}(\omega')$ によって記述される．2 番目に，偏光 σ_- で位相 $\varphi = 0$ の 2π パルスを n 番目のイオンに作用する〔ユニタリ変換 $U_n^{2\pi}(\omega', \sigma_-)$〕．3 番目のパルスは変換 $U_m^{\pi}(\omega')$ を与える π パルスである．表 18.1 はこれらの 3 つのパルスの作用による状態 $|k_m p_n 0\rangle$ の変化について表している．表 18.1 から，最初の π パルスは m 番目の制御キュービットを励起状態から基底状態にさせ，フォノンを発生して対応する状態の位相を $-\pi/2$ だけ変化させる．2 番目の 2π パルスは単に n 番目のイオンに作用するが，状態 $|0_m 0_n 1\rangle$ の位相を π だけ変化させ，他のすべての状態を不変にしておくということがわかる．レーザ光線は σ_- 偏光であるために，このパルスは状態 $|0_m 1_n 0\rangle$ には影響しないことに注意．3 番目の π パルスは，フォノンを消滅させて対応する状態の位相を $-\pi/2$ だけ変化させて，m 番目のイオンを基底状態から励起状態にさせる．その結果，位相変化が π になる状態 $|1_m 1_n 0\rangle$ 以

外のすべての状態は初期位相を持った初期状態に戻る．そのため，周波数 ω' を持つ 3 つのパルスにより CZ ゲートの実装が得られる．

次に，CN ゲートの実装について考えよう．すでに述べたように，CN ゲートを与えるためには，標的キュービット n に共鳴周波数 ω_0 で偏光 σ_+ の 2 つの $\pi/2$ パルスを追加する．共鳴電場と n 番目のイオンとの相互作用は，

$$\mathcal{H}_n = (\hbar\Omega/2)\left(|1_n\rangle\langle 0_n|e^{-i\varphi} + |0_n\rangle\langle 1_n|e^{i\varphi}\right) \tag{18.6}$$

と書ける．レーザパルスを作用させることによる 1 キュービットの回転はユニタリ変換の式 (17.1) により記述される．

$$\begin{aligned}|0_n\rangle &\to \cos(\alpha/2)|0_n\rangle - ie^{i\varphi}\sin(\alpha/2)|1_n\rangle \\ |1_n\rangle &\to \cos(\alpha/2)|1_n\rangle - ie^{-i\varphi}\sin(\alpha/2)|0_n\rangle\end{aligned} \tag{18.7}$$

ここで $\alpha = \Omega\tau$ は回転角である．

位相 $-\pi/2$ の $\pi/2$ パルスを最初に加えた後に，CZ ゲートを実装するための 3 つの非共鳴パルスを加える．そして，再び周波数 ω_0 および偏光 σ_+ で位相 $\pi/2$ を持つ $\pi/2$ パルスを加える．最終的な演算子は，

$$U_n^{\pi/2}(\pi/2)U_m^{\pi}(\omega')U_n^{2\pi}(\omega', \sigma_-)U_m^{\pi}(\omega')U_n^{\pi/2}(-\pi/2) \tag{18.8}$$

となる．この演算子が CN ゲートを記述する．例として，式 (18.8) の初期状態 $|1_m1_n0\rangle$ への作用について調べよう．最初のパルス〔式 (18.8) の右側の演算子〕を作用させた後は，式 (18.7) によって，

$$\begin{aligned}U_n^{\pi/2}(-\pi/2)|1_m1_n0\rangle &= |1_m\rangle\left(\frac{1}{\sqrt{2}}|1_n\rangle + \frac{1}{\sqrt{2}}|0_n\rangle\right)|0\rangle \\ &= \frac{1}{\sqrt{2}}(|1_m1_n0\rangle + |1_m0_n0\rangle)\end{aligned} \tag{18.9}$$

が得られる．3 つの非共鳴パルスを作用させた後は，表 18.1 によって，次のような状態が得られる．

$$\frac{1}{\sqrt{2}}(-|1_m1_n0\rangle + |1_m0_n0\rangle) \tag{18.10}$$

最後の位相 $\pi/2$ を持つ共鳴 $\pi/2$ パルスを作用させた後は，式 (18.7) を使って，

$$\begin{aligned}\frac{1}{2}[-|1_m\rangle(|1_n\rangle - |0_n\rangle)|0\rangle + |1_m\rangle(|0_n\rangle + |1_n\rangle)|0\rangle] \\ = |1_m 0_n 0\rangle \end{aligned} \tag{18.11}$$

を得る．こうして，連続パルスの式 (18.8) を作用させることにより，初期状態 $|1_m 1_n 0\rangle$ は状態 $|1_m 0_n 0\rangle$ へと変換するが，これが CN ゲートの作用，つまり，制御キュービット m が状態 $|1_m\rangle$ である場合に標的キュービットが状態を変えることに対応する．イオンの全体系は振動の基底状態のままである．

第19章
イオントラップによるA_jとB_{jk}ゲート

本章では，離散的なフーリエ変換にとって必要な式 (17.10) の A_j と B_{jk} ゲートの両方をイオントラップによってどのように実装するかについて考察する．まず最初に，A_j 演算子について議論する．もし j 番目のイオンに位相 $\pi/2$ の $\pi/2$ パルスを加えるならば，

$$|0_j\rangle \to \frac{1}{\sqrt{2}}(|0_j\rangle + |1_j\rangle), \qquad |1_j\rangle \to \frac{1}{\sqrt{2}}(|1_j\rangle - |0_j\rangle) \tag{19.1}$$

が得られる．2 番目の変換は A_j と符号だけが異なる．A_j 変換を得るために偏光 σ_+ で位相 $\pi/2$ の π パルスを最初に加え，その後に，偏光 σ_- の 2π パルスを加える．そして再び，偏光 σ_+ で位相 $-\pi/2$ の π パルスを加える．最後に，偏光 σ_+ で位相 $-\pi/2$ の $\pi/2$ パルスを加える．もしイオン j が初期に基底状態 $|0_j\rangle$ にあるならば，最初の π パルスを作用させた後に状態 $|1_j\rangle$ が得られる．2π パルスはレーザ光線が σ_- に偏光しているために，この状態には影響しない．次の π パルスを作用させた後には，状態 $|0_j\rangle$ が得られ，最後に，$\pi/2$ パルスの後に，状態 $\frac{1}{\sqrt{2}}(|0_j\rangle + |1_j\rangle)$ が得られる．もしイオン j が初期に励起状態 $|1_j\rangle$ にあるならば，次のような変換の鎖が得られる．

$$|1_j\rangle \overset{U_j^{\pi}(\pi/2)}{\Rightarrow} -|0_j\rangle \overset{U_j^{2\pi}(\sigma_-)}{\Rightarrow} |0_j\rangle \overset{U_j^{\pi}(-\pi/2)}{\Rightarrow} -|1_j\rangle \overset{U_j^{\pi/2}(\pi/2)}{\Rightarrow} \frac{1}{\sqrt{2}}(|0_j\rangle - |1_j\rangle) \tag{19.2}$$

こうして，連続した 4 つのパルスにより A_j ゲートの実装が得られる．われわれはここで図 18.1 に示されているエネルギー準位を持つ系にもとづく A_j 変換の設計について述べた．もしさらにエネルギー準位 $|3_j\rangle$ を使い，準位 $|1_j\rangle$ と $|3_j\rangle$ 間の遷移を周波数 ω_{13} を使って誘起するのであれば，第 13 章で述べ

た連続パルス，つまり，周波数 ω_{13} の 2π パルスと周波数 ω_0 で位相 $\pi/2$ の共鳴 $\pi/2$ パルスを使うと便利である．

さてイオントラップによる B_{jk} ゲートの実装について考察しよう．このために，少し修正した CZ ゲートが使える．この修正した CZ ゲートを作用させて状態 $|1_j1_k0\rangle$ に位相変化 $\pi/2^{k-j}$ を与えるために，σ_- 偏光の 2π パルスの代わりに σ_- 偏光で異なる位相を持つ 2 つの π パルスを用いる．こうして，周波数 $\omega' = \omega_0 - \omega_x$ の 4 つのパルス，つまり，(1)k 番目のイオンに対して偏光 σ_+ の π パルス，(2)j 番目のイオンに対して偏光 σ_- で位相 φ の π パルス，(3)j 番目のイオンに対して偏光 σ_- で位相 φ' を持つ π パルス，(4)k 番目のイオンに対して偏光 σ_+ で位相 φ' を持つ π パルスを加える．その結果，式 (18.5) を使って，次の変換が得られる．

$$
\begin{aligned}
&1.\ \ U_k^{\pi}(\omega')|1_k1_j0\rangle = -i|0_k1_j1\rangle \equiv |S_1\rangle \\
&2.\ \ U_j^{\pi}(\omega', \sigma_-)|S_1\rangle = |S_1\rangle \\
&3.\ \ U_j^{\pi}(\omega', \sigma_-, \varphi)|S_1\rangle = |S_1\rangle \\
&4.\ \ U_k^{\pi}(\omega', \varphi')|S_1\rangle = -e^{i\varphi'}|1_k1_j0\rangle
\end{aligned}
\tag{19.3}
$$

$\varphi' = \pi + \pi/2^{k-j}$ と置くならば，修正した CZ 変換が得られる．

$$
|1_k1_j0\rangle \Rightarrow e^{i\pi/2^{k-j}}|1_k1_j0\rangle \tag{19.4}
$$

これは B_{jk} 演算子を作用させることに対応している．

次に状態 $|1_k0_j0\rangle$ に対する変換を見つけよう．

$$
\begin{aligned}
&1.\ \ U_k^{\pi}(\omega')|1_k0_j0\rangle = -i|0_k0_j1\rangle \equiv |S_1\rangle \\
&2.\ \ U_j^{\pi}(\omega', \sigma_-)|S_1\rangle = -|0_k1_j0\rangle \equiv |S_2\rangle \\
&3.\ \ U_j^{\pi}(\omega', \sigma_-, \varphi)|S_2\rangle = ie^{-i\varphi}|0_k0_j1\rangle \equiv |S_3\rangle \\
&4.\ \ U_k^{\pi}(\omega', \varphi')|S_3\rangle = e^{i(\varphi'-\varphi)}|1_k0_j0\rangle \equiv |S_4\rangle
\end{aligned}
\tag{19.5}
$$

$\varphi = \varphi'$ と置くならば，状態 $|1_k0_j0\rangle$ はこの連続パルスの作用のもとで変わらない．また，この連続パルスは状態 $|0_k0_j0\rangle$ と $|0_k1_j0\rangle$ にも影響を及ぼさな

い．したがって位相，

$$\varphi = \pi + \frac{\pi}{2^{k-j}}$$

を持つ少し修正した CZ ゲート，

$$U_k^\pi(\omega', \varphi) U_j^\pi(\omega', \sigma_-, \varphi) U_j^\pi(\omega', \sigma_-) U_k^\pi(\omega') \tag{19.6}$$

によって離散的なフーリエ変換にとって必要な B_{jk} 論理ゲートが得られる．

本章を終えるにあたり，イオントラップを使った量子計算の実現に対する実験の状況について議論しよう．1 秒オーダーの長寿命の準安定状態を持つ多くのイオンが存在し，これらは量子計算のためのキュービットとして使えるだろう．1 つの例として，Hg^+ イオンには $^2S_{1/2}$ の基底状態と ~ 0.1 秒の寿命を持つ準安定の $^2D_{5/2}$ 励起状態 $|1\rangle$ がある．共鳴遷移の波長は $\lambda_{01} \approx 280$nm である．リニアトラップにおけるイオンの重心運動の振動周波数は 1MHz のオーダーである．このイオン系は，この許容遷移の周波数より少しだけ低い周波数を持つレーザ光線によって冷却できる．この目的のために Hg^+ イオンについては，波長 $\lambda_{02} \approx 190$nm による基底状態から第 2 励起状態 $^2P_{1/2}$ への遷移が使える．波長 λ_{01} の共鳴レーザ光線はラビ周波数 Ω を持つ 1 キュービットの回転を与えることができるが，この周波数はレーザ光線の強度に依存している（典型的な周波数は，$\Omega \sim 100$kHz）．共鳴と非共鳴のレーザ光線を組み合わせることにより CZ および B_{jk} 変換が得られる．X レジスタのイオンの状態を測定するために，量子ジャンプの技術が使える [22]．たとえば Hg^+ イオンについては，波長 λ_{02} を持つレーザ光線を X レジスタのイオンに当てることができる．もしこのイオンが蛍光を発するならば測定した状態は $|0\rangle$ であり，蛍光を発しなければ測定した状態は $|1\rangle$ である．

第20章 核スピンによる線形鎖

われわれが考えている2番目に有望な系は周辺から十分に孤立した核スピン系である．たとえば，核スピンを含む原子（イオン）の線形鎖がある固体について考えよう．鎖間のどのような相互作用も無視できると仮定する．同時に，鎖のなかの最隣接原子間の相互作用を考慮に入れる．固体がz軸に向いた一様な磁場の中に置かれているとする．そのため，相互作用のない1スピンのハミルトニアンを式(12.3)の形に書くことができる．Lloyd[35]に従って，3種類の核による鎖，$ABCABCABC\ldots$，があると仮定する．3つの種類はすべて同じスピン$I=1/2$を持つが，磁気モーメントが異なっている(磁気回転比が異なる)．スピン鎖の間の相互作用（たとえば，双極子・双極子相互作用）は外部磁場とスピンとの相互作用に比べて小さいと仮定する．したがって，相互作用のzz部分$2\hbar J_{k,k+1}I_k^z I_{k+1}^z$（イジング相互作用）のみを考慮することができ，これはハミルトニアンと交換する．ここで，Jはイジング相互作用の有効定数である．全系のハミルトニアン（電磁場なし）は，

$$\mathcal{H}=-\hbar\sum_k(\omega_k I_k^z+2J_{k,k+1}I_k^z I_{k+1}^z) \tag{20.1}$$

のように書ける．ここでは，総和を鎖の全スピンにわたってとり，

$$\begin{aligned}\omega_1&=\omega_4=\ldots=\omega^A\\ \omega_2&=\omega_5=\ldots=\omega^B\\ \omega_3&=\omega_6=\ldots=\omega^C\end{aligned} \tag{20.2}$$

である．式 (20.1) の相互作用定数もまた位置 k の周期関数である．

$$
\begin{aligned}
J_{12} &= J_{45} = \ldots = J^{AB} \\
J_{23} &= J_{56} = \ldots = J^{BC} \\
J_{34} &= J_{67} = \ldots = J^{CA}
\end{aligned} \tag{20.3}
$$

ハミルトニアンの式 (20.1) は非対角項を持たない．ハミルトニアンの固有状態は，

$$|00111011\ldots\rangle$$

の形のスピン状態を表す．そのため，任意の固有状態にあるいくつかのスピンは「上に」向き（状態 $|0\rangle$），残りは「下に」向く（状態 $|1\rangle$）．

ある状態の系では，あるスピン，たとえば，B は「上に」向き，別の状態の系ではこのスピン B は「下に」向くが，他のすべてのスピンの方向は変わらないと仮定する．したがって，この 2 つの状態のエネルギー差 ΔE は次の値になる．

$$\Delta E = \hbar(\omega^B \pm J^{AB} \pm J^{BC}) \tag{20.4}$$

式 (20.4) では，J^{AB} の上の $(+)$ 符号は隣接スピン A の状態 $|0\rangle$ に対応している．J^{AB} の下の $(-)$ 符号は隣接スピン A の状態 $|1\rangle$ に対応している．同じことが J^{BC} の符号と隣接スピン C に対して正しい．そのため，ハミルトニアンの式 (20.1) について次のような 4 つの固有周波数が見つかる．

$$
\begin{aligned}
\omega^B_{00} &= \omega^B + J^{AB} + J^{BC} \\
\omega^B_{01} &= \omega^B + J^{AB} - J^{BC} \\
\omega^B_{10} &= \omega^B - J^{AB} + J^{BC} \\
\omega^B_{11} &= \omega^B - J^{AB} - J^{BC}
\end{aligned} \tag{20.5}
$$

これは 1 つのスピン B の反転に対応している．式 (20.5) において，ω^B_{ik} は左隣 (A) が状態 $|i\rangle$ にあり，右隣 (C) が状態 $|k\rangle$ にあることを意味している（$i, k = 0$ または 1）．

1 つの例として，式 (20.5) のなかの最初の周波数 ω^B_{00} をどのようにして得るのかについて考えよう．最隣接相互作用のために，ハミルトニアンの式

(20.1) において 3 つのスピンと 3 つの項だけを考え，1 つのスピンの反転を考慮に入れれば十分である．ここで扱っているスピン B の反転の場合には，3 重の項 ABC の変換を考える．

$$|0_A 0_B 0_C\rangle \leftrightarrow |0_A 1_B 0_C\rangle \tag{20.6}$$

ここで最初の状態はスピン A と関連し，2 番目の状態はスピン B と関連し，3 番目の状態はスピン C と関連している．この変換を記述するために，ハミルトニアンの式 (20.1) のなかで唯一の重要な項は次のようになる．

$$\mathcal{H}' = -\hbar(\omega^B I_B^z + 2J^{AB} I_A^z I_B^z + 2J^{BC} I_B^z I_C^z) \tag{20.7}$$

ここで演算子 I_A^z，I_B^z，I_C^z は式 (20.6) の対応した状態に作用する．演算子 I^z の式 (12.4) を使えば，

$$\begin{aligned}\mathcal{H}'|0_A 0_B 0_C\rangle &= -\frac{\hbar}{2}(\omega^B + J^{AB} + J^{BC})|0_A 0_B 0_C\rangle \\ \mathcal{H}'|0_A 1_B 0_C\rangle &= -\frac{\hbar}{2}(-\omega^B - J^{AB} - J^{BC})|0_A 1_B 0_C\rangle\end{aligned} \tag{20.8}$$

が得られる．式 (20.8) による 2 つの状態のエネルギー差は，

$$\Delta E = \hbar(\omega^B + J^{AB} + J^{BC}) \tag{20.9}$$

となり，これは式 (20.5) の周波数 ω_{00}^B に対応している．ω_{ik}^A と ω_{ik}^C に対する式は式 (20.5) に与えたものと似ている．鎖の最後にあるスピンについては，異なった周波数になる．たとえば式 (20.2) では，左端のスピンがスピン A であると仮定する．このスピンの反転に関連した固有周波数は，

$$\omega_0^A = \omega^A + J^{AB}, \qquad \omega_1^A = \omega^A - J^{AB} \tag{20.10}$$

である．ここで ω_i^A は隣接スピン（B）が状態 i にあることを意味する．端にある原子の寄与により，1 つのスピンの反転に関連して全部で 16 個の固有周波数がある．これらの周波数が現れることは，ある与えられたスピンに対して隣接スピンが有効磁場を作ることを考えれば容易に理解できる．この有効磁場は隣接スピンの方向に依存し，外部磁場を増加または減少させることができる．

第21章
スピン鎖によるデジタルゲート

イオントラップにおけるイオンのような個別のスピンに対して実験的に演算させることは，現在まで不可能である．スピン系を使って量子状態を操作する問題はかなり複雑であり，これまで実験的には研究されていなかった．本章では，重ね合わせとエンタングルメントのないデジタル的な状態の $|0\rangle$ と $|1\rangle$ のみについて考察する．そのため，状態の位相はここでは重要ではない．

スピン系についての最初の疑問は「ある既定のキュービットをどのようにして操作することができるか？」ということである．π パルスを使ってスピンを状態 $|0\rangle$ から $|1\rangle$ へ変換することができ，逆もまた可能である．しかしこのパルスが多くのスピンに影響するのは明確であろう．この疑問は隣り合うスピン間で状態を交換する特別な連続の π パルスを提案した Lloyd[35] が解いた．たとえば，隣接スピン A と B の交換を実現するために，次のような連続の π パルスを使うことができる．

$$\omega_{01}^{A}\omega_{11}^{A}\omega_{10}^{B}\omega_{11}^{B}\omega_{01}^{A}\omega_{11}^{A} \tag{21.1}$$

ここで，$\omega_{ik}^{A,B}$ は周波数 ω_{ik}^{A}（または ω_{ik}^{B}）の π パルスを示し，この連続パルスは左から右へと続いている，すなわち最初の π パルスは周波数 ω_{01}^{A} のパルスである．式 (21.1) の連続パルスの作用を表 21.1 に示す．最初の 2 つのパルスは右隣に励起状態がある原子 A の状態を，左隣 C の状態とは独立に，変化させる．2 番目にくる 2 つのパルスは左隣に励起状態があるスピン B の状態を，右隣の状態とは独立に，変化させる．最後に，3 番目にくる 2 つのパルスは最初の 2 つのパルスの作用を繰り返す．その結果，左および右隣の原子 C の状態とは独立に A および B スピン間で 1 ビットの情報が交換できる．

表 21.1 連続パルスの式 (21.1) の影響のもとでの 2 つの隣接原子 A と B の初期状態の変化．*（アスタリスク）は原子が励起状態であることを示している．

$\omega_{01}^{A}\omega_{11}^{A}$	AB	A^*B	AB^*	A^*B^*
$\omega_{10}^{B}\omega_{11}^{B}$	AB	A^*B	A^*B^*	AB^*
$\omega_{01}^{A}\omega_{11}^{A}$	AB	A^*B^*	A^*B	AB^*
	AB	AB^*	A^*B	A^*B^*

式 (21.1) のような単純な連続パルスを使い，情報をスピンの鎖に入力することができる．たとえば，6 つのスピン $ABCABC$ があるとしよう．われわれは数字の 7 をこの鎖に入力したい．そのため，基底状態 $ABCABC$ から状態 $ABCA^*B^*C^*$ を得なければならない．ここで A^*，B^*，C^* は対応するスピンの励起状態を示す．(状態の位相はここでは必要でないことを思い出し，ディラック記法は使っていない.)　次に，この連続の π パルスの周波数と，対応するスピン状態の変化を記録する．

$$\begin{aligned} &1.\ \omega_{0}^{C}:\ ABCABC \quad \rightarrow\ ABCABC^* \\ &2.\ \omega_{01}^{B}:\ ABCABC^* \quad \rightarrow\ ABCAB^*C^* \\ &3.\ \omega_{01}^{A}:\ ABCAB^*C^* \quad \rightarrow\ ABCA^*B^*C^* \end{aligned} \tag{21.2}$$

デジタル CN ゲートが実現できることは明らかである．たとえば，もし周波数 ω_{10}^{A} と ω_{11}^{A} を持つ 2 つの π パルスを加えるならば，スピン A は左隣のスピン C が励起状態にある場合だけ，右隣 B の状態とは独立に状態を変える．式 (21.1) を少し修正した連続パルス，たとえば，

$$\omega_{01}^{A}\omega_{11}^{A}\omega_{11}^{B}\omega_{01}^{A}\omega_{11}^{A} \tag{21.3}$$

を使うことにより，デジタル計算では万能である F ゲート（表 9.6）を実現することができる [35]．連続パルスの式 (21.3) と式 (21.1) とは周波数 ω_{10}^{B} のパルスがないことが異なっている．もしこの複雑なスピン ABC において，スピン C が励起状態にあるならば，式 (21.3) の連続パルスを作用させた結果は

式 (21.1) の連続パルスを作用させた結果と一致する．もしスピン C が基底状態にあるならば，パルス ω_{11}^{B} はスピン B には作用しない．この場合には，式 (21.3) の連続パルスを隣接しているスピンの A と B に作用させた結果は，連続パルス，

$$\omega_{01}^{A}\omega_{11}^{A}\omega_{01}^{A}\omega_{11}^{A} \tag{21.4}$$

をこれらのスピンに作用させた結果と一致する．式 (21.4) の連続パルスはスピン A の状態を変化させない．そのため，式 (21.3) の連続パルスは，もしスピン C が励起状態にあるならば，隣接しているスピン A と B の状態を変化させ，制御ビットとして C スピンを持つ F ゲートが得られる．

核スピンの鎖の他に，有力な量子計算の候補には，外部磁場のなかに置かれていてイジング相互作用をしている電子スピンの鎖 [52]，各基本単位に長寿命の励起状態があるヘテロポリマー [35]，そして量子ドット [53] がある．

第22章
πパルスの非共鳴作用

ラジオ周波数パルスには非共鳴効果があるため，周波数の差により与えられた共鳴スピンは100%選択励起するわけではない．この効果は数値計算によって明示的に研究されている．例として，正のz方向を向いた一様な定磁場のなかに置かれている2スピン系$I = 1/2$にもとづいたCNゲートについて考察しよう[54]．2つのスピン間のイジング相互作用と，これらの各スピンと(x, y)平面内の回転電磁場との相互作用を考慮する（第12章参照）．この系のハミルトニアンは，

$$\mathcal{H} = -\hbar(\gamma_1 \vec{B}\vec{I}_1 + \gamma_2 \vec{B}\vec{I}_2 + 2JI_1^z I_2^z) \tag{22.1}$$

という形に書ける．ここで，2つのスピンは異なる磁気回転比γ_1およびγ_2を持っている．このスピンは式(12.20)の周波数ωを持つ円偏光の横磁場と相互作用している．この場合，ハミルトニアンの式(22.1)は，

$$\mathcal{H}/\hbar = -\sum_{k=1}^{2}\left\{\omega_k I_k^z + \frac{1}{2}\Omega_k(e^{-i\omega t}I_k^- + e^{i\omega t}I_k^+)\right\} - 2JI_1^z I_2^z \tag{22.2}$$

という形に書き換えることができる〔式(12.22)と式(12.23)参照〕．ここで$\omega_k = \gamma_k B^z$，$\Omega_k = \gamma_k h$はラビ周波数（hは横磁場の振幅である）．図22.1には式(22.1)による2スピン系のエネルギー準位を，$\omega_1 > \omega_2$の場合について示している．周波数$\omega = \omega_2 - J$のπパルスを加えるならば，1番目（左側）のスピンを制御キュービットとして，2番目（右側）のスピンを標的キュービットとして持つCNゲートが得られ，2番目のスピンは1番目のスピンが状態$|1\rangle$にある場合にのみ状態を変える．

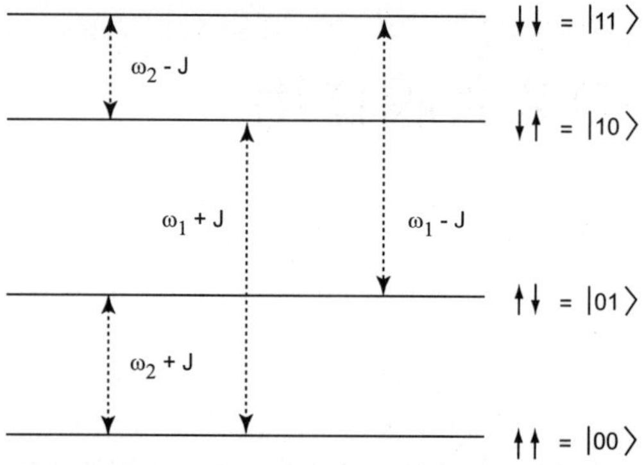

図 22.1　$\omega_1 > \omega_2$ に対する 2 つのイジングスピンのエネルギー準位．破線は 1 スピンの遷移を示す．

次に，CN ゲートの時間変動について，数値計算の結果を提示しよう [54]．式 (22.2) のハミルトニアンに対するシュレーディンガー方程式 (12.1) の時間に依存した波動関数は，

$$\Psi(t) = c_{00}(t)|00\rangle + c_{01}(t)|01\rangle + c_{10}(t)|10\rangle + c_{11}(t)|11\rangle \tag{22.3}$$

のように書ける．周波数 ω を持つ回転座標系への変換と等価な置き換えを使う．

$$\begin{aligned} c_{00} &\to c_{00}\exp(i\omega t + i\varphi(t)), & c_{01} &\to c_{01}\exp(i\varphi(t)), \\ c_{10} &\to c_{10}\exp(i\varphi(t)), & c_{11} &\to c_{11}\exp(-i\omega t + i\varphi(t)), \end{aligned} \tag{22.4}$$

ここで $\varphi(t)$ は振幅 c_{ik} に対する式を簡単化するために任意に選べる共通の位相である．シュレーディンガー方程式から振幅 c_{ik} に対する方程式が導出できる．

$$
\begin{aligned}
-2i\dot{c}_{00} + 2\dot{\varphi}c_{00} + 2\omega c_{00} &= \omega_1 c_{00} + \omega_2 c_{00} + Jc_{00} + \Omega_1 c_{10} + \Omega_2 c_{01} \\
-2i\dot{c}_{01} + 2\dot{\varphi}c_{01} &= \omega_1 c_{01} - \omega_2 c_{01} - Jc_{01} + \Omega_1 c_{11} + \Omega_2 c_{00} \\
-2i\dot{c}_{10} + 2\dot{\varphi}c_{10} &= -\omega_1 c_{10} + \omega_2 c_{10} - Jc_{10} + \Omega_1 c_{00} + \Omega_2 c_{11} \\
-2i\dot{c}_{11} + 2\dot{\varphi}c_{11} - 2\omega c_{11} &= -\omega_1 c_{11} - \omega_2 c_{11} + Jc_{11} + \Omega_1 c_{01} + \Omega_2 c_{10}
\end{aligned}
\tag{22.5}
$$

この方程式 (22.5) の系は参考文献 [54] で数値的に研究されていて，次のようなパラメータの値が選ばれている．

$$
\begin{aligned}
\omega_1 = 500, \quad \omega_2 = 100, \quad J = 5, \quad \omega = \omega_2 - J = 95 \\
\Omega_1 = 0.5, \qquad \Omega_2 = 0.1
\end{aligned}
\tag{22.6}
$$

これらの特有のパラメータは，核スピンの場合については，たとえば，式 (22.6) のなかのパラメータに周波数 1MHz に対応した因子の $2\pi \times 10^6\ \mathrm{s}^{-1}$ を乗じることにより得られる．$\omega = \omega_2 - J = 95$ という条件は共鳴遷移 $|10\rangle \to |11\rangle$，すなわち標的キュービットは制御キュービットが励起状態にある場合だけ状態を変えることに対応している．位相として $\varphi(t) = (\omega_2 - \omega_1 - J)t/2$ を選んでいる．

式 (22.6) のパラメータおよび初期条件，

$$
c_{10}(0) = 1, \qquad c_{00}(0) = c_{01}(0) = c_{11}(0) = 0 \tag{22.7}
$$

に対する振幅係数の $|c_{10}(t)|$ と $|c_{11}(t)|$ に対する時間変動が図 22.2 に示されている．π パルスを作用させることにより $|c_{10}|$ の値は 0 に近づき，$|c_{11}|$ の値は 1 に近づく．他の 2 つの振幅はゼロである．これは 2 番目のスピンが状態 $|0\rangle$ から状態 $|1\rangle$ へ変換することを意味している．同様に，状態 $|11\rangle$ は状態 $|01\rangle$ へ変換する．このとき，π パルスは状態 $|00\rangle$ と $|01\rangle$ には影響を及ぼさない．ゆえに，この系は非共鳴効果があるにもかかわらず量子状態に対するデジタルの CN ゲートを与える．(量子 CN ゲートの時間変動については第 25 章で議論する.）数値実験が示すように，標的スピンの回転角 α は $\Omega_2\tau$ より少しだけ大きい．ここで τ は電磁パルスの幅である．こうなる理由は，非共鳴スピンによって弱い間接励起の共鳴遷移が起こることと関連している．式 (22.5)

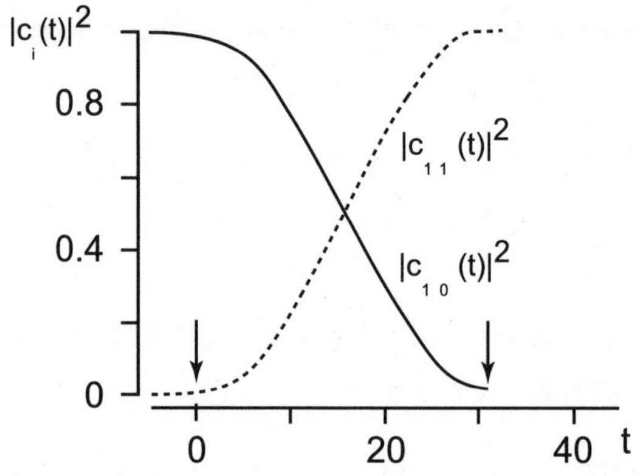

図 22.2 $|c_{10}(t)|$ と $|c_{11}(t)|$ の時間依存性．垂直の矢印は矩形パルスの作用の始まりと終わりを示す．

の最後の 2 つの式のなかの項の $\Omega_1 c_{00}$ と $\Omega_1 c_{01}$ はこれらの効果によるものである．

次の疑問は，回転磁場の非共鳴効果の影響が重要であるとき，この効果をどのようにして避けるかということである．たとえば，周波数 ω_{01}^B の電磁パルスを核スピンの鎖 $ABCABC\ldots$ に加えると仮定する（第 20 章参照）．このパルスはまた固有周波数 ω_{10}^B を持つ任意のスピンにも影響する．というのは，これらの 2 つの周波数が小さな値 $2(J^{AB} - J^{BC})$ だけしか違わないためである．ここでは参考文献 [55] に従って，非共鳴励起の影響を計算する．周波数 ω_{01}^B の電磁パルスを作用させることによる周波数 ω_{10}^B を持つスピン B の偏向について考えよう．この偏向が小さいとし，隣のスピンである A^* と C による影響について考える（スピン A^* は励起状態であり，スピン C は基底状態である）．磁性体の運動力学を記述するのにしばしば使われている「有効磁場」という言葉を使う [56].「下側」を指しているスピン A^* は隣のスピン B のところに，

$$\vec{B}_1 = -\vec{e^z} J^{AB}/\gamma_B \tag{22.8}$$

という有効磁場を作り出す．ここで γ_B はスピン B の磁気回転比であり，$\vec{e^z}$ は正の z 方向を指す単位ベクトルである．同様にして,「上側」を向いている

隣のスピン C により，スピン B に作用する有効磁場，

$$\vec{B}_2 = \vec{e^z} J^{BC}/\gamma_B \tag{22.9}$$

が生じる．そのため，π パルスを作用させる前に，スピン B は正の z 方向を指し大きさが B_e

$$B_e = B_0 + (J^{BC} - J^{AB})/\gamma_B, \tag{22.10}$$

だけの正味の有効磁場による作用を受けている．（B_0 は外部の永久磁場である．）この磁場は状態 $|0\rangle$ と $|1\rangle$ の間の遷移についての周波数を与えるが，この周波数は，

$$\gamma_B B_e = \omega_{10}^B \tag{22.11}$$

に等しい〔式 (12.3) 参照〕．

波動関数の位相はここでは重要でないため，平均スピンに対する運動方程式を使うのが便利である．この方程式を得るために，ハイゼンベルグ表示によるスピンの運動について考える．この表示によれば波動関数は時間に依存しないが，量子力学の演算子は時間に依存する [48]．ハイゼンベルグ表示では，スピンベクトルの演算子 $\vec{I}$ に対する運動方程式はハイゼンベルグ方程式，

$$i\hbar \frac{d}{dt}\vec{I} = [\vec{I}, \mathcal{H}] \tag{22.12}$$

によって与えられる．ここで，$\mathcal{H}$ はハミルトニアンであり，$[\vec{I}, \mathcal{H}]$ は交換子，

$$[\vec{I}, \mathcal{H}] = \vec{I}\mathcal{H} - \mathcal{H}\vec{I} \tag{22.13}$$

である．ハミルトニアン $\mathcal{H}$ は式 (12.21) によって与えられる．ここで外部磁場 $\vec{B}$ を有効磁場 $\vec{B}_e$ で置き換え，$\gamma = \gamma_B$ とする．演算子 $\vec{I}$ を陰に表した式 (12.4) と式 (12.10) を用いれば，よく知られた関係式，

$$\begin{aligned} I^x I^y - I^y I^x &= iI^z \\ I^y I^z - I^z I^y &= iI^x \\ I^z I^x - I^x I^z &= iI^y \end{aligned} \tag{22.14}$$

が導出できる．式 (22.12)-(22.14) から，次の方程式が導かれる．

$$\frac{d}{dt}I^x = \gamma_B(I^y B_e^z - I^z B_e^y)$$
$$\frac{d}{dt}I^y = \gamma_B(I^z B_e^x - I^x B_e^z)$$
$$\frac{d}{dt}I^z = \gamma_B(I^x B_e^y - I^y B_e^x) \tag{22.15}$$

外積の記法を使えば，スピン B の運動を記述するよく知られた方程式が得られる．

$$\vec{I} = \gamma_B \vec{I} \times \vec{B}_e \tag{22.16}$$

量子力学の平均をとれば，平均スピン $\langle\vec{I}\rangle$ に対して同じ方程式が得られる．

振幅 h で周波数 ω を持ち x-y 面で円偏光させた電磁パルスを加えるならば〔式 (12.20) 参照〕，式 (22.16) のなかの有効磁場は次のような成分を持つ．

$$B_e^z = \omega_{10}^B/\gamma_B, \qquad B_e^x = h\cos\omega t, \qquad B_e^y = -h\sin\omega t \tag{22.17}$$

したがって，$\langle\vec{I}\rangle$ に対する方程式は次の 3 つの式，

$$\frac{d}{dt}\langle I^+\rangle + i\omega_{10}^B\langle I^+\rangle = i\Omega_B e^{-i\omega t}\langle I^z\rangle$$
$$\frac{d}{dt}\langle I^-\rangle - i\omega_{10}^B\langle I^-\rangle = -i\Omega_B e^{i\omega t}\langle I^z\rangle$$
$$\frac{d}{dt}\langle I^z\rangle = \frac{i}{2}\Omega_B\left(\langle I^+\rangle e^{i\omega t} - \langle I^-\rangle e^{-i\omega t}\right), \tag{22.18}$$

に書くことができる．ここで $\Omega_B = \gamma_B h$，および $\langle I^\pm\rangle = \langle I^x\rangle \pm i\langle I^y\rangle$

$$\langle I^+\rangle = s e^{-i\omega t}, \qquad \langle I^-\rangle = s^* e^{i\omega t} \tag{22.19}$$

という置き換えは回転座標系への変換と同等である．$m = \langle I^z\rangle$ という記法を導入すると，式 (22.18) から平均スピンの運動を記述する方程式が最終的に導出できる．

$$\dot{s} + i(\omega_{10}^B - \omega)s = i\Omega_B m$$
$$\dot{m} = \frac{i}{2}\Omega_B(s - s^*) \tag{22.20}$$

共鳴パルス $\omega = \omega_{10}^B$ および初期条件 $m(0) = 1/2$，$s(0) = 0$ に対して，式 (22.20) の解が得られる．

$$s(t) = \frac{i}{2}\sin\Omega_B t$$
$$m(t) = \frac{1}{2}\cos\Omega_B t \tag{22.21}$$

ここで s の実数部および虚数部が回転座標系における平均スピンの x と y 成分の時間変動を記述するという事実を考慮に入れよう．そうすると，この解の式 (22.21) は対応するシュレーディンガー方程式の波動関数から直接に導かれる式 (12.37) と一致する．

次に電磁場の周波数が関係 $\omega = \omega_{01}^B \neq \omega_{10}^B$ を満足する非共鳴の場合について考えよう．このため，この電磁パルスは周波数 ω_{01} によりスピン B を励起するように意図されている．この場合には，式 (22.20) の解は，

$$s(t) = \pm\frac{1}{2}\sin\theta[2\cos\theta\sin^2(\omega_e t/2) + i\sin(\omega_e t)]$$
$$m(t) = \pm\frac{1}{2}[1 - 2\sin^2\theta\sin^2(\omega_e t/2)] \tag{22.22}$$

と書くことができる．ここで，上の符号「+」は初期条件，

$$m(0) = \frac{1}{2}, \qquad s(0) = 0 \tag{22.23}$$

に対応し，下の符号「−」は初期条件，

$$m(0) = -\frac{1}{2}, \qquad s(0) = 0 \tag{22.24}$$

に対応しているが，次の記法を導入している．

$$\sin\theta = \Omega_B/\omega_e, \qquad \cos\theta = (\omega_{10}^B - \omega_{01}^B)/\omega_e,$$
$$\omega_e = \sqrt{\Omega_B^2 + (\omega_{10}^B - \omega_{01}^B)^2} \tag{22.25}$$

式 (22.22) は z 成分が $(\omega_{10}^B - \omega_{01}^B)/\gamma_B$ で x 成分が Ω_B/γ_B を持つ有効磁場 $\vec{B}_e$ の回りの回転座標系における非共鳴スピン B の歳差運動を記述している．式 (22.25) において，ω_e は有効磁場 $\vec{B}_e$ の回りのスピン歳差運動の周波数であ

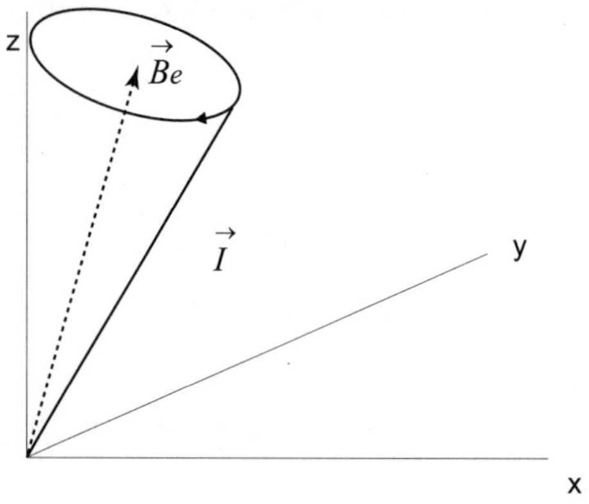

図 22.3　回転座標系における非共鳴スピン $\langle\vec{I}\rangle$ の有効磁場 $\vec{B}_e$ の回りの歳差運動.

り，θ は有効磁場の極性角度である．図 22.3 は，$\omega_{10}^B > \omega_{01}^B$ の場合に対して，基底状態〔$m(0) = 1/2$〕の付近での平均スピン $\langle\vec{I}\rangle$ の歳差運動を示している．パルスの振幅 h が周波数の差 $|\omega_{10}^B - \omega_{01}^B|/\gamma_B$ に較べて小さい場合にのみ，スピン B のデジタル状態 $m = \pm(1/2)$ からの偏向は小さいであろう．

さてわれわれは，平均スピンの非共鳴による偏向をどのようにして消去できるかということについて示さねばならない．$\omega_e\tau = 2\pi k$，$k = 1, 2, \ldots$ (τ は π パルスの幅) ならば，非共鳴スピンは π パルスを加えた後に初期位置に戻ることは，式 (22.22) から明らかである．

$$\Omega_B\tau = \pi, \qquad \omega_e\tau = 2\pi k, \qquad k = 1, 2, \ldots \tag{22.26}$$

と設定すれば，非共鳴スピンに対する π パルスが得られる．このような状況を実現するために条件，

$$\Omega_B = |\omega_{01}^B - \omega_{10}^B|/(4k^2 - 1)^{1/2}, \qquad \tau = \pi/\Omega_B \tag{22.27}$$

を満足するようにパルスの振幅と幅を選ばねばならない．こう選択することによって初期条件 $m(0) = 1/2$ と $m(0) = -1/2$ によるスピン B の非共鳴の偏向を消すことができる．同じ解析がスピン A と C についてもあてはまる．

第23章 量子系による実験的論理ゲート

共鳴 π パルスを作用させることによる1キュービットの回転は，共通に使える実験技術である．そのことは実験グループが，現在2キュービットの論理ゲートの設計に努力を集中している理由である．1キュービットの回転と量子 CN ゲートの組み合わせは量子計算にとって万能である．すなわち，任意の論理ゲートはこれらの組み合わせにより組み立てることができる [20]．CN ゲート自身は，CZ ゲートと1キュービットの回転との組み合わせから得られるため，同じことが CZ ゲートと1キュービットの回転についても言える（第18章参照）．

それでは最初に，Monroe 等が説明した量子系における CN ゲートの実験的な実現について述べよう．この著者たちは，rf イオントラップのなかの1つの $^9Be^+$ イオンに対して，修正した Cirac と Zoller 等 [22] の方法を使った．この標的キュービットは電子の基底状態 $^2S_{1/2}$ についての2つの微細準位 $|0\rangle = |F=2, m_F=2\rangle$ および $|1\rangle = |F=1, m_F=1\rangle$ によって実装されている．ここで F はこの状態の全（電子+原子核）スピンであり，m_F はこの全スピンの外部磁場の方向への射影である．制御キュービットはトラップされたイオンの最初の2つの振動状態によって実装されている．このエネルギー準位を図 23.1 に示す．ここで $|kn\rangle$ における最初の数字 k は制御キュービット（振動状態）に属し，2番目の数字は標的キュービット（微細準位の状態）に属する．微細準位の周波数 $f_0 = \omega_0/2\pi$ は約 1.25 GHz であり，振動の周波数 $f_x = \omega_x/2\pi$ は約 11 MHz である．$B_0 \approx 0.18$ の弱い磁場のなかでは，$|0\rangle = |F=2, m_F=2\rangle$ と $|1\rangle = |F=1, m_F=1\rangle$ の状態は $m_F < F$ の低エネルギーにあるゼーマン準位とは分離している．量子 CN ゲートを実現

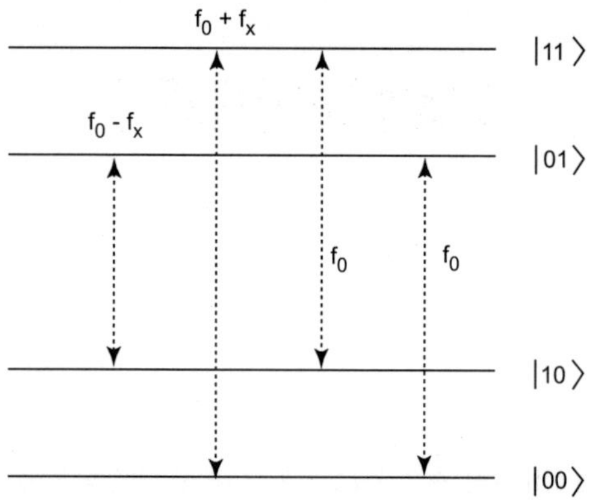

図 23.1　参考文献 [22] の実験で使われたエネルギー準位．破線はこの実験に使われる主要遷移を示す．

するために参考文献 [22] の著者（Monroe）等は 3 つのパルスを加えた．

(1) 遷移 $|k0\rangle \leftrightarrow |k1\rangle$ に対する周波数 $f_0(k=0,1)$ の $\pi/2$ パルス．

(2) 状態 $|11\rangle$ と $|F=2, m_F=0\rangle$ で振動の基底状態 $|0\rangle$ に対応した準位との間の補助遷移に対する 2π パルス．(この補助状態はキュービットを保有せず，図 23.1 には示されていない．この状態は $|00\rangle$ 準位からおよそ 2.5 MHz だけ離れている.）この遷移により状態 $|11\rangle$ の符号は，$|11\rangle \to -|11\rangle$ のように反転する．

(3) 遷移 $|k0\rangle \leftrightarrow |k1\rangle$ に対して，最初の $\pi/2$ パルスとは π だけ位相差がある周波数 f_0 の $\pi/2$ パルス．遷移 $|00\rangle \leftrightarrow |01\rangle$ については，この 2 つの $\pi/2$ パルスは相殺し，イオンは初期状態の $|00\rangle$ または $|01\rangle$ のままである．しかし遷移 $|10\rangle \leftrightarrow |11\rangle$ については，2 つの $\pi/2$ パルスの効果は，一方の状態から他方の状態へ遷移する加算的な結果となる．

参考文献 [22] の実験では，振動周波数 $f_x, f_y, f_z \approx 11, 18, 30$MHz を持ったラジオ周波数によるイオントラップに 1 つの $^9Be^+$ イオンを蓄積した．Monroe 等は誘導ラマンによる x 軸上の冷却を採用することによって振動の基底状態における 95%の時間占有を達成した．この遷移を誘導するために，基底状態から $^2P_{1/2}$ 励起状態への遷移周波数よりおよそ 50 GHz だけ低く設定した 313

nm の 2 つのラマンビームを約 1 ミリワットで加えた．波数ベクトルの差はトラップの x 軸にほぼ沿っており，ラマン遷移は y および z 方向の運動には感じない．2 つのラマンビームの周波数は 3 つの周波数 f_0, f_0+f_x, f_0-f_x のうちいずれにも設定することができ，その設定周波数は 1.2 から 1.3 GHz の間で同調可能である．

標的キュービットの占有数を検出するために，Monroe 等は遷移 $|k0\rangle \leftrightarrow {}^2P_{3/2}|F=3, m_F=3\rangle$ に対して σ_+ 偏光のレーザ輻射を加えた．そして状態 $|k0\rangle$ の占有数に比例したイオンの蛍光を検出した．制御キュービットの占有数を検出するために，ラマンの π パルスを加えた．たとえば，標的キュービット「0」（状態 $|k0\rangle$）の値を得た場合には，その標的キュービットを検出する直前に周波数 f_0-f_x を持つラマンの π パルスを加える実験を繰り返すことができる．蛍光が現れることにより制御キュービットの値が「0」であることが示される．

キュービットの任意の初期状態を準備するために，Monroe 等はラマンの π パルスを 1 つ乃至 2 つ，状態 $|00\rangle$ に加えた．そして前述した連続のラマンパルスをキュービットのこの 4 つの初期状態に加えることで，デジタルの初期条件を持つ量子 CN ゲートの信用性のある実装について実証を行った．

CN ゲートの実装についての別の現実的なアイデアは量子電磁（QED）キャビティを利用することである [53, 57].（この技術の解説は参考文献 [58] にある．）キャビティ内の電場状態は真空 $|0\rangle$ またはただ 1 つだけの光子がある状態 $|1\rangle$ となり得る．原子がキャビティを通り，このキャビティが原子の遷移に同調すれば，その相互作用のハミルトニアンは，

$$\mathcal{H}_1 = i\hbar\Omega_1(|0\rangle\langle 1|a^\dagger - |1\rangle\langle 0|a) \tag{23.1}$$

のように書ける．ここで，$|0\rangle$ と $|1\rangle$ は原子の状態を指し，Ω_1 は 1 光子のラビ周波数，$a^\dagger$ と a はキャビティのなかに 1 つの光子を生成および消滅させる演算子である．キャビティが遷移周波数と同調しなければ，その非共鳴のハミルトニアンは，

$$\mathcal{H}_2 = \hbar(\Omega_2/2)a^\dagger a(|1\rangle\langle 1| - |0\rangle\langle 0|) \tag{23.2}$$

のように書ける [57]．ここで $\hbar\Omega_2$ はキャビティのなかの 1 光子あたりの原子

準位間隔の変化である．光子の数によって制御を受ける原子状態の位相変化を作り出すために非共鳴相互作用の式 (23.2) を使うことが参考文献 [53, 57] で提案された．これはラムセイの原子干渉計法と同類の方法である [59].

たとえば，標的キュービットが 2 つの円形リードベルグ状態 $|0\rangle$ または $|1\rangle$ を持つ原子であるとしよう [53]．2 準位原子に相応する有効スピンの $\pi/2$ 回転を古典的なマイクロ波の電場によって作り出す 2 つの補助的なマイクロ波キャビティの間に Q 値の高いキャビティが置かれている．原子が最初のマイクロ波キャビティを通った後の，この系の状態 $|nk\rangle(n, k = 0, 1)$ は，

$$
\begin{aligned}
|n0\rangle &\to \frac{1}{\sqrt{2}}|n\rangle(|0\rangle + i|1\rangle) \\
|n1\rangle &\to \frac{1}{\sqrt{2}}|n\rangle(|1\rangle + i|0\rangle)
\end{aligned}
\tag{23.3}
$$

のように変換する．ここで最初の数字 n は Q 値の高いキャビティのなかの光子を指し，2 番目の数字 k は原子を指している．中央にある Q 値の高いキャビティ内では，量子化された電場との非共鳴（分散的な）相互作用により位相差が作り出される．任意の状態 $|nk\rangle$ に対して，

$$
\begin{aligned}
|n0\rangle &\to \exp(-in\Theta/2)|n0\rangle \\
|n1\rangle &\to \exp(in\Theta/2)|n1\rangle
\end{aligned}
\tag{23.4}
$$

が得られる．ここで Θ は π に同調させることができる 1 光子あたりの位相差である．3 番目のキャビティ内の古典的電場は最初のキャビティに対して π だけの位相差がある．そのため，3 番目のキャビティのなかでは，

$$
\begin{aligned}
|n0\rangle &\to \frac{1}{\sqrt{2}}|n\rangle(|0\rangle - i|1\rangle) \\
|n1\rangle &\to \frac{1}{\sqrt{2}}|n\rangle(|1\rangle - i|0\rangle)
\end{aligned}
\tag{23.5}
$$

となる．もし Q 値の高いキャビティ内に光子がある（$n = 1$）ならば，このキャビティ内では原子に対する位相差は π に等しく，端にあるキャビティ内では有効スピンに回転が加わり，π の全回転が生成される．その反対の場合（$n = 0$）には，端にあるキャビティ内での両回転は相殺し，原子は初期状態

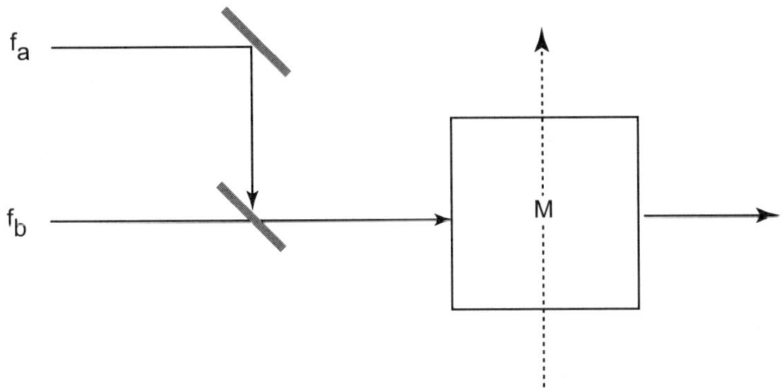

図 23.2　実験の構成 [24]．周波数 f_a と f_b の 2 つの光子ビームはキャビティ M のなかで原子と相互作用する．破線は原子ビームを示す．

のままである．この系の典型的なパラメータは，共鳴周波数 $\approx 2\times 10^{10}$ Hz およびこのキャビティの電場の寿命 ≈ 0.5 s である [53]．

次に Turchette 等 [24] により行われた QED キャビティにおける条件付き位相差の測定について述べねばならない．この実験では，異なる周波数を持つ 2 つの光子によってキュービットが実装されている．位相差に条件が付いているのはセシウム原子の非線形光学応答に起因している．直交した円偏光の σ_+ および σ_- によって起こる原子の 2 つの遷移はキャビティの電場と結合している．σ_- 遷移 $6S_{1/2}|F=4,m=4\rangle \leftrightarrow 6P_{3/2}|F=5,m=3\rangle$ の割合は σ_+ 遷移 $|F=5,m=5\rangle$ に比べて無視できる．基底状態 $|F=4,m=4\rangle$ が Cs 原子ビームの光学ポンピングによって用意されている．原子を介した光子・光子相互作用を研究するために，参考文献 [24] の著者（Turchette）等は周波数 f_b のポンプビームと周波数 f_a のプローブビームの透過について調べた（図 23.2）．これらのビームがキャビティを通り抜けた後に，ビームの偏光状態を分析する．プローブビームが線形に偏光している場合には，σ_- 成分は原子がない空のキャビティに対応した位相差を受ける．σ_+ 成分は原子があるキャビティ系に対応した位相差を受ける．$\sigma_\pm$ 成分間の位相の違い Φ_a は出力ビームの偏光を分析することによって測定できる．この位相による量子ゲー

トについて真理値表を調べるために，Turchette 等は両方の偏光 $\sigma_\pm$ について プローブビームの位相 Φ_a のポンプ電場強度による依存性を記録し，ポンプビームの位相 Φ_b についても同じことを記録した.（プローブビームは 30 MHz だけ，ポンプビームは 20MHz だけ原子の共鳴周波数より低い.）そこで，この Turchette 等は次の真理値表,

$$\begin{aligned} |--\rangle &\to |--\rangle \\ |+-\rangle &\to \exp(i\Phi_a)|+-\rangle \\ |-+\rangle &\to \exp(i\Phi_b)|-+\rangle \\ |++\rangle &\to \exp[i(\Phi_a+\Phi_b+\Delta)]|++\rangle \end{aligned} \tag{23.6}$$

を得るために 1 光子あたりの位相差を求めた．ここで最初の符号はプローブビームの偏光に対応し，2 番目の符号はポンプビームの偏光に対応し，$\Phi_a \approx 17.5°, \Phi_b \approx 12.5°, \Delta \approx 16°$ である.

量子論理ゲートに実装するための量子ドットを使った状況についてもごく手短に議論しよう．Barenco 等 [53] は量子 CN ゲートを実装するために量子ドットを使うことを提案した．彼等は半導体のなかに埋め込まれていて R だけ離れている 2 つの単一電子の量子ドットについて考察した．キュービットはドットの基底状態 $|0\rangle$ と第 1 励起状態 $|1\rangle$ によって実装されている．外部に

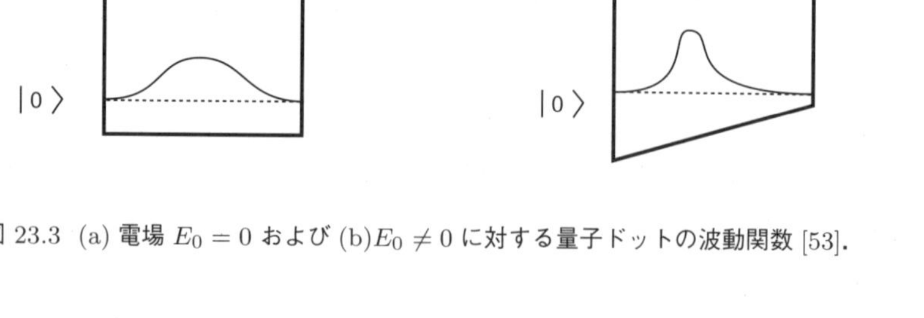

図 23.3　(a) 電場 $E_0 = 0$ および (b)$E_0 \neq 0$ に対する量子ドットの波動関数 [53].

静電場がある場合には，状態 $|0\rangle$ の双極子モーメントが d_i となり，状態 $|1\rangle$ の双極子モーメントが $-d_i$ となるように座標系を選ぶことができる（$i=1,2$）．観測可能な効果はこの状態の $|0\rangle$ と $|1\rangle$ が反対になる電荷分布の差と関連している（図 23.3）．A および B の 2 つのドットには異なる共鳴周波数 ω^A と ω^B があると仮定する．双極子・双極子相互作用のハミルトニアン $\mathcal{H}_{int}$ はよい近似で，相互作用のないドットのハミルトニアンと交換し，

$$\mathcal{H}_{int}|nk\rangle = (-1)^{n+k+1}\hbar(J/2)|nk\rangle, \qquad J = \frac{d_1 d_2}{2\pi\varepsilon_0 R^3} \tag{23.7}$$

となる．ここで $n=0,1$ は 1 番目のドットの状態に対応し，$k=0,1$ は 2 番目のドットの状態に対応している．このようにして，ドット間の双極子・双極子相互作用は相互作用定数 J を持つ 2 つの有効スピンのイジング相互作用〔式 (20.1) 参照〕によって記述できる．2 ドット系のエネルギー準位の構成は 2 スピン系のエネルギー準位と同じである（図 22.1）．ドット A を制御キュービットとする量子 CN ゲートを実現するために，周波数 $\omega^B - J$ の π パルスを加えることが参考文献 [53] で提案されている．このパルスは，ドット A が励起状態にある場合にドット B を動作させる．

第24章
量子コンピュータの誤り訂正

量子コンピュータ理論の重要な試みの1つは誤り訂正である．コンピュータの誤り訂正についての標準的な方法は冗長性を用いることである．同じビットを表すのにいくつかの要素を使う．Lloyd は誤り訂正をデジタルの原子鎖コンピュータに組み入れるために，さらに複雑な3準位系を使うことを提案した [18]．原子（A, B, C）には短時間で基底状態へ崩壊する付加的な励起状態 $|2\rangle$ がなければならない．

たとえば，原子 B に短時間で基底状態へ崩壊する状態 $|2\rangle$ を持たせよう．3原子による項 ABC に同じビットの状態，すなわち状態 $|000\rangle$ または $|111\rangle$（ここで $|ijk\rangle$ は $|i_A j_B k_C\rangle$ を意味する）があると仮定する．誤りは通常ただ1つの原子が状態を変える．したがって，状態 $|000\rangle$ の代わりに誤った状態 $|001\rangle$，$|010\rangle$，$|100\rangle$ のうちの1つ（または $|111\rangle$ の代わりに，$|011\rangle$，$|101\rangle$ または $|110\rangle$）が得られる．

誤りを訂正するために，周波数，

$$\omega_{00}^{B}(1 \leftrightarrow 2)\omega_{11}^{B}(0 \leftrightarrow 1)\omega_{11}^{B}(1 \leftrightarrow 2)\omega_{11}^{B}(0 \leftrightarrow 1) \tag{24.1}$$

の連続パルスを加える．ここで $\omega_{ik}^{B}(n \leftrightarrow m)$ は隣の原子 A と C が状態 $|i\rangle$ と $|k\rangle$ にあるときの変換 $n \leftrightarrow m (n, m = 0, 1, 2)$ の周波数を示している（最初のパルスは周波数 ω_{00}^{B} である）．その後に，A と B の状態を交換し（第21章参照），連続パルスの式 (24.1) を繰り返す．3番目のステップは，原子 B と C の状態を交換し，再び式 (24.1) を繰り返す．その結果，初期状態 $|000\rangle$ または $|111\rangle$ が復元できる．

例として，状態 $|001\rangle$ の訂正を考えよう．最初のステップでは，連続パルス

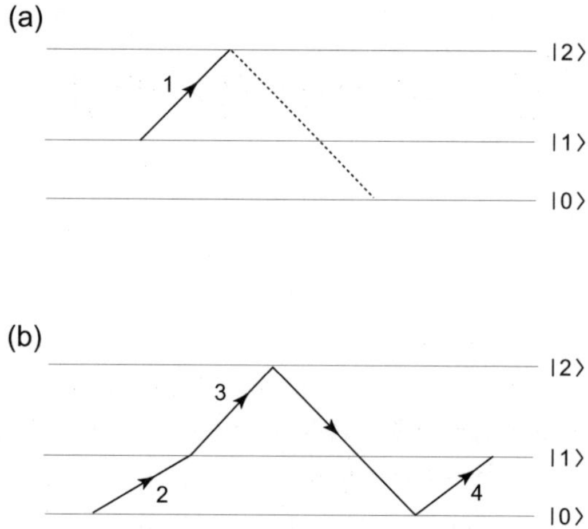

図 24.1　3 原子による ABC のなかの原子 B における「誤りビット」の訂正．(a) 隣接原子の A および C は基底状態 $|010\rangle$ にある．(b) 隣接原子の A および C は励起状態 $|101\rangle$ にある．$i = 1 \sim 4$ の数は連続パルスの式 (24.1) のなかの i 番目のパルスの作用による遷移を示している．

の式 (24.1) は原子 B の両隣の原子（A と C）が $|0\rangle$ か $|1\rangle$ のどちらか同じ状態にある場合だけ，この原子に作用するために，この状態を変えない．原子 A と B の状態を交換した後には，同じ状況（状態 $|001\rangle$）が得られる．原子 B と C の間で状態を交換した後には $|010\rangle$ が得られる，今度は，連続パルスの式 (24.1) のなかの最初のパルスにより原子 B が状態 $|2\rangle$ になり，この状態は短時間で状態 $|0\rangle$ へ崩壊する（図 24.1b 参照）．他の 3 つのパルスは原子 B には作用しない．その結果，望ましい状態 $|000\rangle$ が得られる．隣の A と C が励起状態（状態 $|101\rangle$）にある場合に対して似たような図を図 24.1b に示す．電磁パルスの作用にまつわる重要な障害についてここで議論せねばならない [60]．イジング相互作用があり，共鳴電磁 π パルスと相互作用しているスピンの鎖 $ABCABC\ldots$ を最初に考えよう．回転角 α_i はときどき，π と異なることがあるのは明らかである．ここで，

$$\alpha_i \approx \gamma_i h\tau, \qquad (i = A, B, C) \tag{24.2}$$

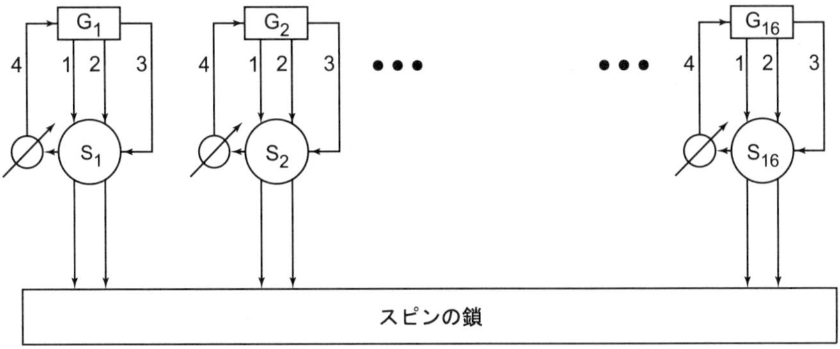

図 24.2　歪んだ π パルスの訂正についての構成．G_{1-16} の箱は π パルスの「生成器」と「弱い訂正パルス」である．S_{1-16} の円は「共鳴サンプル」である．Ø は弱い訂正パルスを生成するために，自由歳差運動の信号を測定し，その情報（線「4」）を「生成器」へ移す測定装置である.「1」は π パルス,「2」は「弱い訂正パルス」,「3」は復元されたパルスで，これらは平衡状態を復元するために共鳴サンプルだけに作用する．

h は振幅，τ は xy 面で円偏光した電磁パルスの幅である.（回転角 α が $\gamma_i h\tau$ よりわずかに長いことについては，すでに第 22 章で述べた.）

次にスピンの鎖上で π パルスの歪みによって起こる誤りを訂正するための状況の 1 つについて考えよう [55]．電磁輻射が 16 個の共鳴サンプルのうちの 1 つを通して量子コンピュータに入り，そのサンプルではスピン共鳴の信号が観測できると仮定する．3 つのサンプルがスピン A を，3 つのサンプルがスピン B を，3 つのサンプルがスピン C を含んでいる．余分にある 4 つのサンプルは端のスピンに対応している．

この「スピン型量子コンピュータ」における歪んだ π パルスの訂正について，構成を図 24.2 に表した．各サンプル「S_j」は量子コンピュータの共鳴周波数の 1 つに一致し，z 軸方向に向いている磁場 $\vec{B}_j$ の中に置かれている（12 個の内部周波数，および端にあるイオンに対する 4 個の周波数）．たとえば，スピン B のサンプルについては，

$$\gamma_B B_1 = \omega^B_{00},\quad \gamma_B B_2 = \omega^B_{01},\quad \gamma_B B_3 = \omega^B_{10},\quad \gamma_B B_4 = \omega^B_{11}$$

ここで B_1, B_2, B_3 は磁場の大きさに対応している．電磁パルスの振幅 $h_{A,B,C}$ は，$\alpha_{A,B,C} = \pi$ となるように選ばれている．そのため，正常状態（歪みのない π パルス）については,「共鳴サンプル」からの自由歳差運動の信号（SFP[1]）はない．もしときどき $\alpha_B \neq \pi$ となるならば，共鳴サンプルからの SFP が測定できるであろう．

たとえば，電磁的な π パルスによってスピン B を基底状態 $|0\rangle$ から励起状態 $|1\rangle$ にすると仮定しよう．平均スピンの時間発展は解の式 (22.21) によって概略的に記述できる．たとえば，共鳴サンプルにおいて π パルスを作用させた後に SFP の $s = ia$ を検出する．もし測定値 a がゼロより大きければ，回転座標系における平均スピンの y 成分 $[\langle I^y \rangle = Im(s)]$ は正である．これは回転角が $\alpha_B < \pi$（図 24.3 参照）であることを意味している．この場合には，回転角 α_B',

$$\alpha_B' = \pi - \alpha_B = \arcsin 2a \tag{24.3}$$

を持つ回転座標系の x 軸の向きに共鳴パルスを加える．もし $a < 0$ ならば，$\alpha_B > \pi$ であることを意味する．この場合には，回転座標系の負の x 軸を向いた，$\alpha_B' = \alpha_B - \pi = \arcsin |2a|$，すなわち，最初のパルスとは相対的な位相差 π を持つ付加的なパルスを与えねばならない．このパルスを付加した後で，共鳴サンプルを初期状態に復元するためには，サンプルに π パルスを加えねばならないことに注意しておこう．

量子計算における最も挑戦的な問題の 1 つは，ショアのアルゴリズムで特に使われる複雑な重ね合わせ状態に対する誤り訂正である．重ね合わせの量子状態に対する誤り訂正符号が存在するという発見は，量子計算理論では，因数分解のアルゴリズムの発見に次いで 2 番目の大勝利であった [25, 61, 62]．ここでは Steane[61] によって提案された簡単な 3 キュービットの案にもとづいてスピン系の位相の誤りを訂正する原理的な状況について述べる．

この案について述べるために，I^x 表現に対して I^x 行列が対角になる変換をする．この変換はユニタリ行列,

[1]（訳注）Signal of the Free Precession の略.

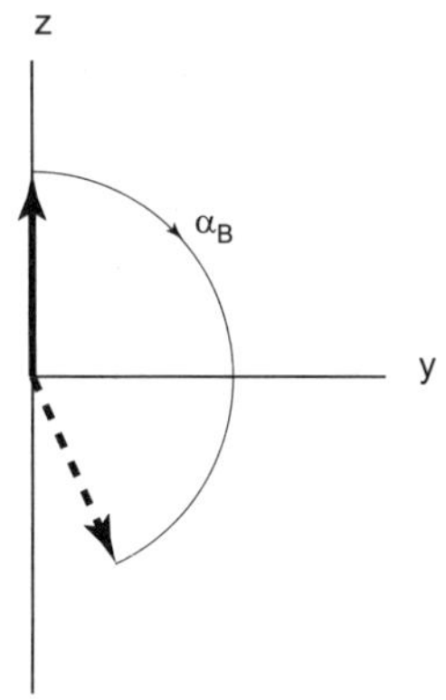

図 24.3　歪んだ π パルスの作用のもとでのスピン B の回転座標系における x 軸の回りの回転.

$$U = \frac{1}{\sqrt{2}}\begin{pmatrix} 1 & -1 \\ 1 & 1 \end{pmatrix} \tag{24.4}$$

と変換公式 (15.5) を使うことによって可能である.

$$(I^x)' = U^\dagger I^x U = \frac{1}{4}\begin{pmatrix} 1 & 1 \\ -1 & 1 \end{pmatrix}\begin{pmatrix} 0 & 1 \\ 1 & 0 \end{pmatrix}\begin{pmatrix} 1 & -1 \\ 1 & 1 \end{pmatrix} = \frac{1}{2}\begin{pmatrix} 1 & 0 \\ 0 & -1 \end{pmatrix} \tag{24.5}$$

であることが確められる．したがって，この I^x 表現では I^x 行列は対角であり，その固有関数,

$$|0\rangle^x = \begin{pmatrix} 1 \\ 0 \end{pmatrix}_x, \qquad |1\rangle^x = \begin{pmatrix} 0 \\ 1 \end{pmatrix}_x \tag{24.6}$$

は固有状態 $I^x = \pm 1/2$ に対応する．x 表現による CN ゲート,

$$\mathrm{CN}_{ik}^x = |0_i0_k\rangle\langle 0_i0_k|^x + |0_i1_k\rangle\langle 0_i1_k|^x + |1_i0_k\rangle\langle 1_i1_k|^x + |1_i1_k\rangle\langle 1_i0_k|^x \tag{24.7}$$

を用いる．そしてこれは制御スピン i が負の x 方向を指す（状態 $|1_j\rangle^x$）ならば，標的スピン k の状態を変換させる．最初のキュービットが任意の状態に

あり，この状態は波動関数，

$$\psi_0 = c_0|0_1\rangle + c_1|1_1\rangle \tag{24.8}$$

によって記述できると仮定する．ここで，重要でない規格化定数は省略している．この重ね合わせ状態を符号化するために，状態 $|0_2\rangle$ と $|0_3\rangle$ にある 2 つの付加的なキュービットを考える．そして，演算子 $\mathtt{CN}_{12}^x$ と $\mathtt{CN}_{13}^x$ を波動関数，

$$\Psi_0 = (c_0|0_1\rangle + c_1|1_1\rangle)|0_2 0_3\rangle = c_0|0_1 0_2 0_3\rangle + c_1|1_1 0_2 0_3\rangle \tag{24.9}$$

にかける．その結果，符号化されたエンタングル状態が得られる．

$$\Psi_1 = \mathtt{CN}_{13}^x \mathtt{CN}_{12}^x \Psi_0 = c_0|0_1 0_2 0_3\rangle + c_1|1_1 1_2 1_3\rangle \tag{24.10}$$

次に，例として 3 つのキュービットのうちの 1 番目のキュービットに対する位相の歪みについて考える．この歪みを，

$$\begin{aligned} |0_1\rangle &\to |0_1\rangle\cos(\varphi/2) + i|1_1\rangle\sin(\varphi/2) \\ |1_1\rangle &\to |1_1\rangle\cos(\varphi/2) + i|0_1\rangle\sin(\varphi/2) \end{aligned} \tag{24.11}$$

という形で表す．式 (24.11) が位相の歪みを記述していることを確かめるために，状態 $c_0|0\rangle + c_1|1\rangle$ を歪んだ状態，

$$\begin{aligned} &c_0\{\cos(\varphi/2)|0\rangle + i\sin(\varphi/2)|1\rangle\} + c_1\{\cos(\varphi/2)|1\rangle + i\sin(\varphi/2)|0\rangle\} = \\ &\qquad \{c_0\cos(\varphi/2) + ic_1\sin(\varphi/2)\}|0\rangle + \{c_1\cos(\varphi/2) + ic_0\sin(\varphi/2)\}|1\rangle \end{aligned} \tag{24.12}$$

と比較しよう．ここではこれらの 2 つの関数による平均 $\langle I^x\rangle$，$\langle I^y\rangle$，$\langle I^z\rangle$ を比較しようとしている．I^x 表現による I^z 行列は式 (15.5) と式 (24.4) を使うことにより見つけられる．

$$(I^z)' = \frac{1}{4}\begin{pmatrix} 1 & 1 \\ -1 & 1 \end{pmatrix}\begin{pmatrix} 1 & 0 \\ 0 & -1 \end{pmatrix}\begin{pmatrix} 1 & -1 \\ 1 & 1 \end{pmatrix} = -\frac{1}{2}\begin{pmatrix} 0 & 1 \\ 1 & 0 \end{pmatrix} \tag{24.13}$$

同じようにして，I^x 表現による I^y 行列を見つけることができる．

$$(I^y)' = \frac{1}{4}\begin{pmatrix} 1 & 1 \\ -1 & 1 \end{pmatrix}\begin{pmatrix} 0 & -i \\ i & 0 \end{pmatrix}\begin{pmatrix} 1 & -1 \\ 1 & 1 \end{pmatrix} = \frac{1}{2}\begin{pmatrix} 0 & -i \\ i & 0 \end{pmatrix} \tag{24.14}$$

すなわち行列 I^y は両表現では変わらない．そして平均値 $\langle I^x \rangle$，$\langle I^y \rangle$，$\langle I^z \rangle$ を見つけることができる．

初期状態 $c_0|0\rangle + c_1|1\rangle$ に対しては，

$$\begin{aligned}
\langle I^x \rangle_i &= \frac{1}{2}(c_0^* c_1^*)\begin{pmatrix} 1 & 0 \\ 0 & -1 \end{pmatrix}\begin{pmatrix} c_0 \\ c_1 \end{pmatrix} = \frac{1}{2}(|c_0|^2 - |c_1|^2) \\
\langle I^y \rangle_i &= \frac{1}{2}(c_0^* c_1^*)\begin{pmatrix} 0 & -i \\ i & 0 \end{pmatrix}\begin{pmatrix} c_0 \\ c_1 \end{pmatrix} = \frac{i}{2}(c_0 c_1^* - c_0^* c_1) \\
\langle I^z \rangle_i &= -\frac{1}{2}(c_0^* c_1^*)\begin{pmatrix} 0 & 1 \\ 1 & 0 \end{pmatrix}\begin{pmatrix} c_0 \\ c_1 \end{pmatrix} = -\frac{1}{2}(c_0 c_1^* + c_0^* c_1)
\end{aligned} \tag{24.15}$$

となる．ここで添え字「i」は「初期」の値を意味する．また波動関数，

$$\begin{aligned}
c_0|0\rangle + c_1|1\rangle &= \begin{pmatrix} c_0 \\ c_1 \end{pmatrix} \\
c_0^*\langle 0| + c_1^*\langle 1| &= (c_0^* \quad c_1^*)
\end{aligned} \tag{24.16}$$

の行列表現を使い I^x，I^y，I^z に対して「$'$（ダッシュ）」を省略した．同様にして，歪んだ関数の式 (24.12) については，

$$\begin{aligned}
\langle I^x \rangle_d &= \frac{1}{2}[(|c_0|^2 - |c_1|^2)\cos\varphi + i\sin\varphi(c_1 c_0^* - c_0 c_1^*)] \\
&= \langle I^x \rangle_i \cos\varphi - \langle I^y \rangle_i \sin\varphi \\
\langle I^y \rangle_d &= \frac{1}{2}[i(c_0 c_1^* - c_1 c_0^*)\cos\varphi + (|c_0|^2 - |c_1|^2)\sin\varphi] \\
&= \langle I^y \rangle_i \cos\varphi + \langle I^x \rangle_i \sin\varphi \\
\langle I^z \rangle_d &= \langle I^z \rangle_i
\end{aligned} \tag{24.17}$$

ここで添え字「d」は「歪んだ」を示している．明らかに，式 (24.17) は (x, y) 平面においてベクトル $\langle \vec{I} \rangle$ の角度 φ，すなわち初期状態の位相歪，だけの回転を記述している．

表 24.1　2 つの演算子 (CN)^x の作用により歪んだ波動関数 Ψ_2 のすべての可能な項 u_i の変換.

u_i	$\|0_10_20_3\rangle$	$\|0_10_21_3\rangle$	$\|0_11_20_3\rangle$	$1_10_20_3\rangle$
$(\mathtt{CN})^x_{12}u_i$	$\|0_10_20_3\rangle$	$\|0_10_21_3\rangle$	$\|0_11_20_3\rangle$	$1_11_20_3\rangle$
$(\mathtt{CN})^x_{13}(\mathtt{CN})^x_{12}u_i$	$\|0_10_20_3\rangle$	$\|0_10_21_3\rangle$	$\|0_11_20_3\rangle$	$1_11_21_3\rangle$

u_i	$\|1_11_21_3\rangle$	$\|1_11_20_3\rangle$	$\|1_10_21_3\rangle$	$0_11_21_3\rangle$
$(\mathtt{CN})^x_{12}u_i$	$\|1_10_21_3\rangle$	$\|1_10_20_3\rangle$	$\|1_11_21_3\rangle$	$0_11_21_3\rangle$
$(\mathtt{CN})^x_{13}(\mathtt{CN})^x_{12}u_i$	$\|1_10_20_3\rangle$	$\|1_10_21_3\rangle$	$\|1_11_20_3\rangle$	$0_11_21_3\rangle$

式 (24.11) の歪の後には，波動関数 Ψ_1 は Ψ_2 に変換する．

$$\Psi_2 = c_0[\cos(\varphi/2)|0_10_20_3\rangle + i\sin(\varphi/2)|1_10_20_3\rangle] + c_1[\cos(\varphi/2)|1_11_21_3\rangle + i\sin(\varphi/2)|0_11_21_3\rangle] \tag{24.18}$$

同様にして，2 番目のキュービットが位相 φ だけ歪む場合には，Ψ_2 に $|0_11_20_3\rangle$ と $|1_10_21_3\rangle$ に比例した項が加わる．最後の，3 番目のキュービットの歪に対しては，Ψ_2 に $|0_10_21_3\rangle$ と $|1_11_20_3\rangle$ に比例した項が加わる．

誤り訂正では状態 Ψ_2 に演算子 $\mathtt{CN}^x_{12}$ および $\mathtt{CN}^x_{13}$ をかける．表 24.1 は歪んだ波動関数 Ψ_2 のすべての可能性のある項（表 24.1 のなかの u_i）の変換を示す．次に，2 番目と 3 番目のスピンの x 成分を測定する．もしこの測定により $I^x_2 = I^x_3 = -1/2$ という出力が得られるならば,「NOT 演算子」の $\mathtt{N}^x_1 = |0_1\rangle\langle 1_1|^x + |1_1\rangle\langle 0_1|^x$ を最初のキュービットにかけねばならない.（演算子 N は I^x 表現における状態を変える.）その他の測定の出力,

$$(I^x_2, I^x_3) = (1/2, -1/2),\quad (-1/2, 1/2),\quad (1/2, 1/2) \tag{24.19}$$

に対しては，演算子 $\mathtt{N}^x$ はかけない．その結果，どのような出力であっても 1 番目のスピンに対しては初期の歪みのない波動関数 ψ_0 が得られる．

たとえば，1 番目のスピンの位相歪みについては〔式 (24.18)〕，2 つの $\mathtt{CN}^x$

を演算した後に，

$$\Psi_3 = c_0[\cos(\varphi/2)|0_1 0_2 0_3\rangle + i\sin(\varphi/2)|1_1 1_2 1_3\rangle] + \\ c_1[\cos(\varphi/2)|1_1 0_2 0_3\rangle + i\sin(\varphi/2)|0_1 1_2 1_3\rangle] \tag{24.20}$$

が得られる．2 番目と 3 番目のキュービットを測定した後には，2 つの出力が得られる．

$$1)\ I_2^x = I_3^x = 1/2, \qquad 2)\ I_2^x = I_3^x = -1/2 \tag{24.21}$$

最初の場合については，1 番目のスピンに対する波動関数として，

$$c_0\cos(\varphi/2)|0_1\rangle + c_1\cos(\varphi/2)|1_1\rangle \tag{24.22}$$

が得られる．重要でない共通因子の $\cos(\varphi/2)$ を省略すると，式 (24.22) から初期の波動関数 ψ_0 が得られる．

式 (24.21) の 2 番目の場合については，測定の後に，1 番目のスピンに対する波動関数，

$$ic_0\sin(\varphi/2)|1_1\rangle + ic_1\sin(\varphi/2)|0_1\rangle \tag{24.23}$$

が得られる．この場合には，$\mathtt{N}^x$ 演算子を波動関数の式 (24.23) にかけねばならない．したがって，

$$ic_0\sin(\varphi/2)|0_1\rangle + ic_1\sin(\varphi/2)|1_1\rangle \tag{24.24}$$

が得られる．式 (24.24) のなかの共通因子の $i\sin(\varphi/2)$ を無視すれば，初期の波動関数 ψ_0 が再び復元する．

参考文献 [61] で提案された案によれば，各キュービットは 3 つのキュービットによって符号化でき，しかもこれらのキュービットは訂正されて，初期のキュービット ψ_0 が復元する．この復号化されたキュービットを計算に使うことができ，そして再び符号化される（図 24.4 参照）．

この案を物理的に実装することは，I^x 表現において CN ゲートをかけねばならないために，単純ではない．量子誤り訂正についてのさらに追加するべき結果および提案は，参考文献 [41] の J. P. Paz と W. H. Zurek による論文（355 頁），そして E. Knill，R. Laflamme，W. H. Zurek による論文（365 頁）のなかに見つけることができる．

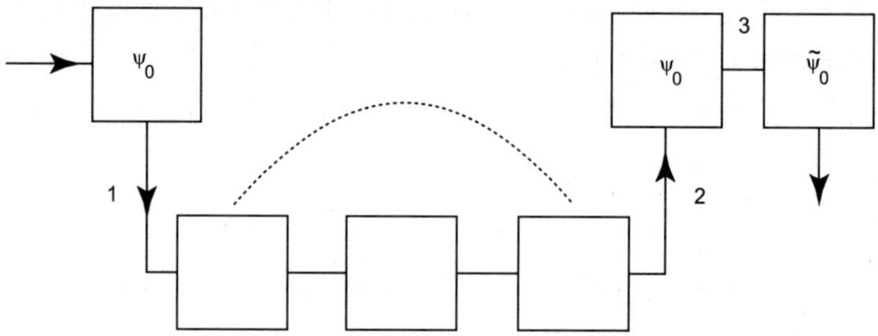

図 24.4　誤り訂正に対する Steane の案．(1) 初期のキュービット ψ_0 を 3 つのキュービットにより符号化する．(2) 誤り訂正および初期のキュービットの復号化．(3) 計算；$\tilde{\psi}_0$ は計算後の初期キュービット ψ_0．

第25章 2スピン系による量子ゲート

ここではイジング相互作用のある2つのスピンだけが含まれる最も簡単な系による2キュービットの量子ゲートについて考えよう．この系のエネルギー準位は図22.1に示されている．電磁場との相互作用を含めたこの系のハミルトニアンは式(22.2)で与えられる．

この2スピン系を使った量子CNゲートの実装についての状況について議論しよう．外部磁場がないなら，この系の時間発展は次の波動関数$\Psi(t)$の式によって記述できる．

$$\Psi(t) = \sum_{i,k=0}^{1} c_{ik}(0) e^{-iE_{ik}t/\hbar} |ik\rangle \tag{25.1}$$

ここでE_{ik}は対応する状態のエネルギーである．

$$\begin{aligned} E_{00} &= -\frac{\hbar}{2}(\omega_1 + \omega_2 + J), & E_{01} &= \frac{\hbar}{2}(-\omega_1 + \omega_2 + J) \\ E_{10} &= \frac{\hbar}{2}(\omega_1 - \omega_2 + J), & E_{11} &= \frac{\hbar}{2}(\omega_1 + \omega_2 - J) \end{aligned} \tag{25.2}$$

電磁パルスを加えた場合には，この波動関数は式(22.3)の形に表すことができる．この式は「相互作用表現」に変換できる．

$$c_{ik}(t) \to c_{ik}(t) \exp(-iE_{ik}t/\hbar) \tag{25.3}$$

そしてこれによって自由な時間発展に対応した位相因子を除くことができる．したがって，振幅$c_{ik}(t)$に対する方程式は次の形，

$$i\hbar \dot{c}_{ik} = \sum_{n,m} \langle ik|V|nm\rangle e^{i(E_{ik}-E_{nm})t/\hbar} c_{nm} \tag{25.4}$$

に書ける．ここでハミルトニアン V はこの2スピン系と電磁パルスとの相互作用を記述する．

$$V = -\frac{1}{2}\sum_{k=1}^{2}\Omega_k\left(e^{-i\omega t}I_k^- + e^{i\omega t}I_k^+\right) \tag{25.5}$$

しかし，式(25.4)は急速に振動する時間依存の係数を含み，そのために，この系の力学的な振る舞いを正確に数値計算することは都合が悪くなる．

回転磁場に連結した座標系によって書かれた式(22.5)にもとづいて別の方法を使おう．第22章と同じ置き換え，

$$\omega = \omega_2 - J, \qquad \varphi(t) = (\omega_2 - \omega_1 - J)t/2$$

を使えば，時間に依存した係数についての方程式が導ける．

$$\begin{aligned}
-2i\dot{c}_{00} + 2(\omega_2 - \omega_1 - 2J)c_{00} &= \Omega_1 c_{10} + \Omega_2 c_{01} \\
-2i\dot{c}_{01} + 2(\omega_2 - \omega_1)c_{01} &= \Omega_1 c_{11} + \Omega_2 c_{00} \\
-2i\dot{c}_{10} &= \Omega_1 c_{00} + \Omega_2 c_{11} \\
-2i\dot{c}_{11} &= \Omega_1 c_{01} + \Omega_2 c_{10}
\end{aligned} \tag{25.6a}$$

回転座標系における2スピン系の自由な時間発展について考えよう．式(25.6a)において $\Omega_1 = \Omega_2 = 0$ と置けば，解が得られる．

$$\begin{aligned}
&c_{00}(t) = c_{00}(0)e^{-i(\omega_2-\omega_1-2J)t} \\
&c_{01}(t) = c_{01}(0)e^{-i(\omega_2-\omega_1)t} \\
&c_{10}(t) = c_{10}(0), \qquad c_{11}(t) = c_{11}(0)
\end{aligned} \tag{25.6b}$$

自由な時間発展に対応した位相因子を除くために，係数 $c_{ik}(t)$ の時間変動の代わりに，次の係数

$$\begin{aligned}
&c_{00}^{'}(t) = c_{00}(t)e^{i(\omega_2-\omega_1-2J)t} \\
&c_{01}^{'}(t) = c_{01}(t)e^{i(\omega_2-\omega_1)t} \\
&c_{10}^{'}(t) = c_{10}(t), \qquad c_{11}^{'}(t) = c_{11}(t)
\end{aligned} \tag{25.6c}$$

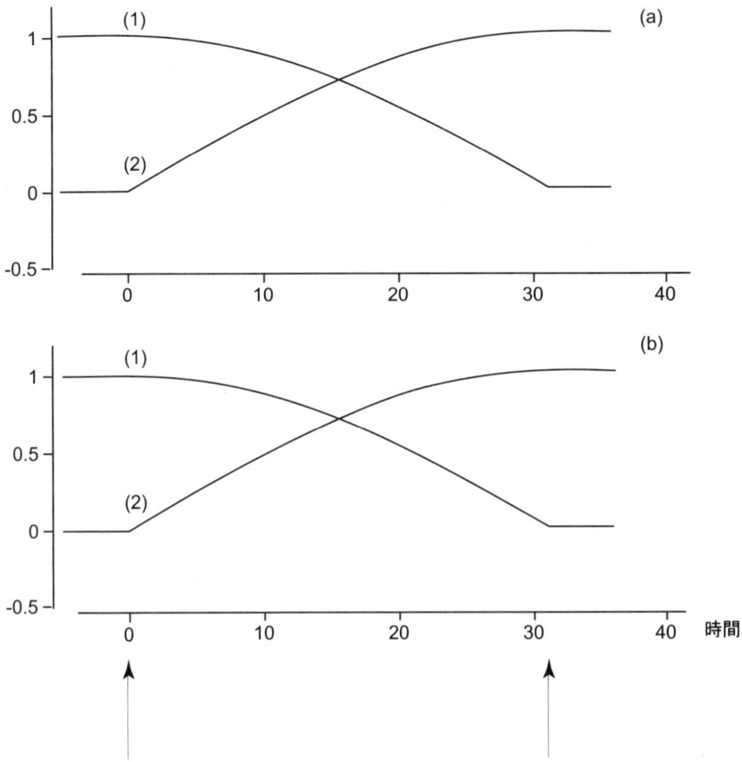

図 25.1　(a) 式 (25.7) の初期条件 (b) 式 (25.8) の初期条件に対して π パルスを作用させることによる振幅 c'_{ik} の時間発展．(a) では曲線 (1) は $Rec'_{11}(t)$ に対応し，曲線 (2) は $Imc'_{10}(t)$ に対応している．(b) では曲線 (1) は $Rec'_{10}(t)$ に対応し，曲線 (2) は $Imc'_{11}(t)$ に対応している．垂直の矢印はパルスの始まりと終わりを示している．

の時間変動について議論する．π パルスの作用による振幅 $c_{ik}^{'}$ については，参考文献 [63] で詳細に研究されている．図 25.1(a) では，式 (22.6) によるパラメータと初期条件，

$$c_{11}^{'}(0) = 1, \quad c_{ik}^{'}(0) = 0, \quad (i,k) \neq (1,1) \tag{25.7}$$

に対する実数部の時間依存性 $Rec_{11}^{'}(t)$ および虚数部 $Imc_{10}^{'}(t)$ を示しており，これは遷移 $|11\rangle \to \exp(i\pi/2)|10\rangle$ を記述している．$Rec_{10}^{'}(t)$ および $Imc_{11}^{'}(t)$ の値は $|c_{00}^{'}(t)|$ および $|c_{01}^{'}(t)|$ の値と同じく無視できる．図 25.1(b) では，式 (22.6) によるパラメータと初期条件，

$$c_{10}^{'}(0) = 1, \quad c_{ik}^{'}(0) = 0, \quad (i,k) \neq (1,0) \tag{25.8}$$

に対して同様の依存性が示されている．

次に，非共鳴準位 $|01\rangle$ が占有していることに対応する初期条件，

$$c_{01}^{'}(0) = 1, \quad c_{ik}^{'}(0) = 0, \quad (i,k) \neq (0,1) \tag{25.9}$$

について考えよう．この初期条件に対する振幅 $c_{ik}^{'}$ は，π パルスの作用のもとでは実質的に変わらない．同じことが初期条件，

$$c_{00}^{'}(0) = 1, \quad c_{ik}^{'}(0) = 0, \quad (i,k) \neq (0,0) \tag{25.10}$$

についてもあてはまる．

図 25.2 では重ね合わせの初期状態，

$$\begin{aligned} c_{00}^{'}(0) &= (0.3)^{1/2}, \qquad c_{01}^{'}(0) = 5^{-1/2} \\ c_{10}^{'}(0) &= 3^{-1/2}, \qquad c_{11}^{'}(0) = 6^{-1/2} \end{aligned} \tag{25.11}$$

に対する π パルスの作用を，図 25.1 と同じパラメータについて示している．π パルスの終わりには振幅が次の値になることがわかる．

$$c_{11}^{'} = e^{i\pi/2} c_{10}^{'}(0), \qquad c_{10}^{'} = e^{i\pi/2} c_{11}^{'}(0) \tag{25.12}$$

「非共鳴」の振幅の値はほとんど変わらない．したがって，周波数 $\omega_2 - J$ を持つ π パルスの作用は 2 キュービットの量子ゲート，

$$|00\rangle\langle 00| + |01\rangle\langle 01| + e^{i\pi/2}|10\rangle\langle 11| + e^{i\pi/2}|11\rangle\langle 10| \tag{25.13}$$

を作用させることに対応し，これは修正した CN ゲートと考えられる．

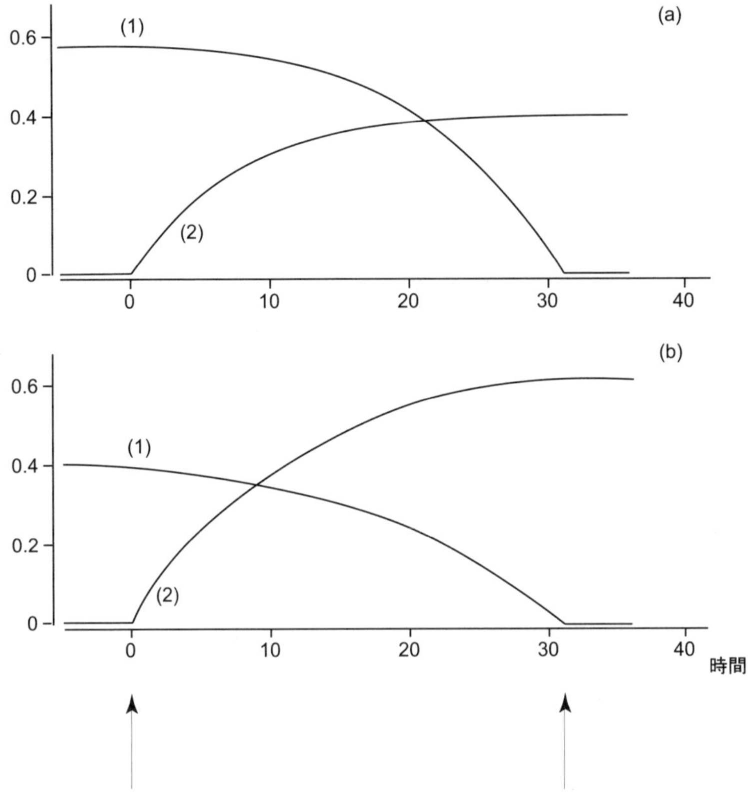

図 25.2　重ね合わせの初期条件の式 (25.11) に対する (a) 振幅 c'_{10} および (b) 振幅 c'_{11} の時間依存性．(a) では曲線 (1) は $Rec'_{10}(t)$ に対応し，曲線 (2) は $Imc'_{10}(t)$ に対応している．(b) では曲線 (1) は $Rec'_{11}(t)$ に対応し，曲線 (2) は $Imc'_{11}(t)$ に対応している．垂直の矢印は π パルスの始まりと終わりを示している．

第26章 室温でのスピン集合による量子論理ゲート

本章の内容は，室温での量子計算について参考文献 [28, 29, 30] のなかでそれぞれ独立に提案された概念にもとづいている．この概念を説明するために，正の z 方向に向いた外部磁場のなかで，相互作用のないスピン $I = 1/2$ の集団について最初に考えよう．熱平衡状態では，この系は，密度行列の式 (16.17) によって記述できるが，典型的な条件 $k_B T \gg \hbar\omega$ においては式 (16.19) の形となる．式 (16.19) は 2 つの項からなっている．無限温度に対応している初項は，単位行列に比例し，$\rho_\infty = (1/2)E$．この項は，このスピン集団に対して実験的に測定できる平均スピン $\langle \vec{I} \rangle$ には影響を及ぼさない．事実，たとえば $I^x E = I^x$ および $\mathrm{Tr}\{I^x\} = 0$ なので，

$$\langle I^x \rangle = \frac{1}{2}\mathrm{Tr}\{I^x E\} = \frac{1}{2}\mathrm{Tr}\{I^x\} = 0 \tag{26.1}$$

となる．同じことが演算子 I^y および I^z についてあてはまる．

式 (16.19) の 2 番目の項は ρ_∞ からの差を記述している．

$$\rho_\Delta = (\beta/4)\begin{pmatrix} 1 & 0 \\ 0 & -1 \end{pmatrix}, \qquad \beta = \hbar\omega_0/k_B T \tag{26.2}$$

行列 ρ_Δ は，E に比例する対角行列 ρ_a，

$$\rho_a = (\beta/4)\begin{pmatrix} -1 & 0 \\ 0 & -1 \end{pmatrix} \tag{26.3}$$

と行列 ρ_b，

$$\rho_b = (\beta/4)\begin{pmatrix} 2 & 0 \\ 0 & 0 \end{pmatrix} = (\beta/2)\begin{pmatrix} 1 & 0 \\ 0 & 0 \end{pmatrix} \tag{26.4}$$

の和として表せる．再び，行列 ρ_a は平均スピン $\langle\vec{I}\rangle$ に影響しない．

次にこのスピン集団の時間発展について考えよう．この時間発展は，たとえば共鳴電磁パルスをかけることによって起こる．時間依存の密度行列を次の形，

$$\rho(t) = \frac{1}{2}(1-\beta/2)E + \rho_b(t) \tag{26.5}$$

によって表そう．$\rho(t)$ を密度行列に対する方程式 (16.5) に代入すれば，行列 $\rho_b(t)$ に対する方程式を得る．

$$i\hbar\dot{\rho}_b(t) = [\mathcal{H}(t), \rho_b(t)] \tag{26.6}$$

この方程式は密度行列 $\rho(t)$ に対する方程式と同じ形になっていることに注意しておこう．式 (26.5) を式 (16.19) に代入し，$t=0$ と置くならば，行列 $\rho_b(t)$ に対する初期条件の式 (26.4) が得られる．

次に，比較のために，ゼロ温度において相互作用をしていない「純粋な」量子集団について考える．もしこの集団の初期状態が基底状態であれば，各スピンの時間発展はシュレーディンガー方程式か，または初期条件，

$$\rho(0) = \begin{pmatrix} 1 & 0 \\ 0 & 0 \end{pmatrix} \tag{26.7}$$

を持つ密度行列に対する方程式 (16.5) のどちらかによって記述できる．ゼロ温度での純粋な量子集団に対する平均スピンと高温でのこれと同じ集団との違いは何か？ これらの違いは初期条件の式 (26.4) に現れる因子 $\beta/2$ だけである．この 2 つの系の時間発展は同じである．その結果についてはすでに第 16 章で，1 キュービット回転の特別な場合に対して述べた．

量子論理ゲートについてのこの結果を利用するために，スピングループ（分子）の集団に対して同様の結果が得られることを試してみよう．図 22.1 に示したエネルギー準位があり，相互作用をしている 2 つのスピンの最も単純な場合についてハミルトニアンの式 (22.2) を用いて考えよう．10 進数記法では，

$$|00\rangle \to |0\rangle, \quad |01\rangle \to |1\rangle, \quad |10\rangle \to |2\rangle, \quad |11\rangle \to |3\rangle \tag{26.8}$$

密度行列には成分 ρ_{ik} $(i,k=0,1,2,3)$ がある．平衡状態の密度行列は式，

$$\rho_{kk}=\frac{e^{-E_k/k_BT}}{\sum_{k=0}^{3}e^{-E_k/k_BT}},\qquad (\rho_{ik}=0,\quad i\neq k)$$

によって与えられる．ここで E_k は図 22.1 に示されているエネルギー準位である．不等式 $E_k/k_BT\ll 1$ を考慮に入れると，密度行列は近似的に，

$$\rho=\tfrac{1}{4}E+\tfrac{\hbar}{8k_BT}\begin{pmatrix}\omega_1+\omega_2+J & 0 & 0 & 0\\ 0 & \omega_1-\omega_2-J & 0 & 0\\ 0 & 0 & -\omega_1+\omega_2-J & 0\\ 0 & 0 & 0 & -\omega_1-\omega_2+J\end{pmatrix}\tag{26.9}$$

と表される．次に簡単のため，

$$(\omega_1-\omega_2),\quad J\ \ll\ (\omega_1+\omega_2)/2\tag{26.10}$$

と仮定しよう．この近似では，周波数差 $(\omega_1-\omega_2)$ および相互作用定数 J の熱平衡における状態の占有数への影響は無視できる．したがって，式 (26.9) の第 2 項は簡単な形に書き直せる．

$$\rho_\Delta=\frac{\beta}{4}\begin{pmatrix}1&0&0&0\\0&0&0&0\\0&0&0&0\\0&0&0&-1\end{pmatrix}\tag{26.11a}$$

ここでは，新しい β，$\beta=\hbar(\omega_1+\omega_2)/2k_BT$，を導入している．行列 ρ_Δ は，2 つの行列 ρ_a と ρ_b の和として書くことができる．

$$\rho_a = -\frac{\beta}{4}\begin{pmatrix} 0 & 0 & 0 & 0 \\ 0 & 0 & 0 & 0 \\ 0 & 0 & 0 & 0 \\ 0 & 0 & 0 & 1 \end{pmatrix}$$

$$\rho_b = \frac{\beta}{4}\begin{pmatrix} 1 & 0 & 0 & 0 \\ 0 & 0 & 0 & 0 \\ 0 & 0 & 0 & 0 \\ 0 & 0 & 0 & 0 \end{pmatrix} \tag{26.11b}$$

式 (26.11b) の意味を明確にするために，行列 ρ_a および ρ_b を 2 進数記法で書き直す．

$$\rho_a = -(\beta/4)|11\rangle\langle 11|, \qquad \rho_b = (\beta/4)|00\rangle\langle 00| \tag{26.12}$$

定数 $\pm\beta$ の精度で，行列 ρ_b は純粋な量子状態 $|00\rangle$ を記述し，行列 ρ_a は状態 $|11\rangle$ を記述していることがわかる．

問題は副集団，たとえば初期条件 $(\beta/4)|00\rangle\langle 00|$ を持つ行列 ρ_b の時間発展が密度行列 ρ_a で記述される別の副集団の時間発展とは独立に記述できるかということである.（もちろん，通常のごとく，緩和時間に較べて短い時間間隔の時間発展について考える.）この問題に答えるために，状態 $|00\rangle$ と $|01\rangle$ の間の共鳴遷移に対応した周波数 $(\omega_2 + J)$ の電磁パルスを加えると仮定しよう．この場合には，行列 $\rho_b(t)$,

$$\rho_b(t) = \begin{pmatrix} \rho_{00} & \rho_{01} & 0 & 0 \\ \rho_{10} & \rho_{11} & 0 & 0 \\ 0 & 0 & 0 & 0 \\ 0 & 0 & 0 & 0 \end{pmatrix} \tag{26.13}$$

によって記述できる副集団「b」だけを操作している．式 (26.13) の行列は，式 (26.11b) を初期条件として持つ式 (26.6) に似た運動方程式を満足する．換言すれば，行列要素 ρ_{ik} $(i, k = 0$ または $1)$ と ρ_{nm} $(n, m = 2$ または $3)$ に対する運動方程式はほとんど分離していて，方程式 (26.6) のなかの結合項は系の時間発展にとっては重要ではない．そのため再び,「副集団」の「b」を扱い，この副集団は初期に基底状態がこの定数の精度で占有している「純粋な」2 準位量子系の集団のように時間発展することができる．(もちろん，同様にして初期に励起状態がこの定数の精度で占有している「純粋な」2 準位系の集団に同等の別の「副集団」の「a」を操作することができる.)

結局，周波数 $(\omega_2 + J)$ の電磁パルスを加えるならば，室温における 2 スピン集団の時間発展が得られ，これは相互作用のないスピン $I = 1/2$ で初期に基底状態が占有されている集団の時間発展にほぼ等しい．大雑把に言えば，右側のスピンを操作するだけで左側のスピンについては触れないならば，室温における右側のスピンの時間発展は初期に基底状態が占有されている 1 つのスピン $I = 1/2$ の時間発展と同じになる．

しかし，高温では量子論理ゲートを実現するという主目的を達成しなかったことに注意するべきである．事実，2 スピン系の集団は 1 スピン系の集団とくらべて有利ではない．次のステップに入ろう．相互作用のない 4 つの分子集団で，たとえば，

A	B
C	D

においてスピンがイジング相互作用によって結合していると考えよう．単純化するため，これらのエネルギー準位間の差は非常に小さく，その占有数はほとんど同じと仮定する．したがって，等価な密度行列は式，

$$\rho = \frac{1}{16}E + \rho_\Delta \tag{26.14}$$

によって与えられる．ここで差分行列 ρ_Δ は 10 進数記法の形，

$$\rho_\Delta = \frac{\beta}{16}\{2|0\rangle\langle 0| + |1\rangle\langle 1| + |2\rangle\langle 2| + |4\rangle\langle 4| + |8\rangle\langle 8| -$$
$$(|7\rangle\langle 7| + |11\rangle\langle 11| + |13\rangle\langle 13| + |14\rangle\langle 14|) - 2|15\rangle\langle 15|\}$$
$$(\beta = \sum_{k=0}^{3} \hbar\omega_k / 4k_B T) \tag{26.15}$$

となる．2 進数記法による差分行列の式 (26.15) は，

表 26.1　ρ_Δ の対角行列の再配分の前（第 2 行）と後（第 3 行）．表の上側は実効的な 2 スピン系の基底状態への変換を表す．表の下側は密度行列の残りの対角要素の変換を表す．

00 00	00 01	00 10	00 11
2	1	1	0
2	0	0	0

01 00	01 01	01 10	01 11	10 00	10 01	10 10	10 11	11 00	11 01	11 10	11 11
1	0	0	-1	1	0	0	-1	0	-1	-1	-2
-1	1	1	1	1	-1	-1	-1	-2	0	0	0

$$\rho_\Delta = \frac{\beta}{16}\{2|0000\rangle\langle 0000| + |0001\rangle\langle 0001| + |0010\rangle\langle 0010| + |0100\rangle\langle 0100| + |1000\rangle\langle 1000| - (|0111\rangle\langle 0111| + |1011\rangle\langle 1011| + |1101\rangle\langle 1101| + |1110\rangle\langle 1110|) - 2|1111\rangle\langle 1111|\}$$

$$|ijnm\rangle\langle ijnm| \equiv |i_A j_B n_C m_D\rangle\langle i_A j_B n_C m_D| \tag{26.16}$$

と書ける．望ましい副集団を得るために，ユニタリ変換を使って式 (26.16) を変換したい．後の第 28 章において，そのような変換をどのように行うかについて議論する．次に対角化されている差分行列を表の形で書き直そう（表 26.1 参照）．表 26.1 は第 1 行がすべての可能性のある行列 $|ijnm\rangle\langle ijnm|$ を表しているが，これはブロック，

i	j
n	m

によって示されている．第 2 行は式 (26.16) のなかの対応する行列の係数で，

因子 $\beta/16$ をなくしたものを示している．ユニタリ変換を使って，式 (26.16) の係数を表 26.1 の第 3 行に示されているようにうまく再配分すると仮定する．表 26.1 の最初の 4 列を考えよう．これらは状態 $|00ij\rangle$ に対応している．状態 $|00ij\rangle$ 間の遷移を誘発する電磁パルスをここで扱っている分子 $ABCD$ に加えるなら，スピン A および B は決して乱されない．これらの状態の副集団について考えることができるが，その副集団はゼロ温度において初期に基底状態が占有されている「純粋な」2 スピン系とほぼ同じように時間発展する．この場合については次章で議論しよう．

第27章
4スピン分子集団の時間発展

4スピン分子集団の運動力学を説明するために，全スピン間のイジング相互作用を考慮に入れて，複素数からなるハミルトニアンを書こう [64].

A	B
C	D

円偏光磁場と同じ周波数 ω で回転している座標系におけるハミルトニアンを得るために，式 (15.5a) のユニタリ変換を使う.

$$\begin{aligned} \Psi^{'} &= e^{-i\omega I^z t}\Psi \\ \mathcal{H}^{'} &= e^{-i\omega I^z t}\mathcal{H}e^{i\omega I^z t} \\ I^z &= I_0^z + I_1^z + I_2^z + I_3^z \end{aligned} \tag{27.1}$$

ここで下付き添え字の「0」は最後のスピン D を,「1」はスピン C を示す，等々である．第15章で述べた方法を使えば，回転座標系における時間依存のハミルトニアンが得られる．

$$\mathcal{H}^{'} = -\hbar\left\{\sum_{k=0}^{3}(\omega_k - \omega)I_k^z + 2\sum_{i,k=0}^{3} J_{ik}I_i^z I_k^z + \sum_{k=0}^{3}\Omega_k I_k^x\right\} \tag{27.2}$$

ここでは，第2項で $i < k, \omega_k = \gamma_k B^z, \Omega_k = \gamma_k h$ と仮定している．回転磁場がないときは（$\Omega_k = 0, \omega = 0$），式 (27.2) のハミルトニアンには対角行列要素があるだけであり，これが定常状態のエネルギーを決めている．これらのエネルギーを見つけるために，式 (12.4) の I_m^z に対する表現を4スピンの基

底状態 $|i_3j_2k_1n_0\rangle$ を用いて書き換えねばならない.

$$I_m^z = \frac{1}{2}(|0_m\rangle\langle 0_m| - |1_m\rangle\langle 1_m|), \qquad (m = 0, 1, 2, 3)$$

そのため,

$$\begin{aligned}
I_0^z &= \frac{1}{2}(|i_3j_2k_10_0\rangle\langle i_3j_2k_10_0| - |i_3j_2k_11_0\rangle\langle i_3j_2k_11_0|) \\
I_1^z &= \frac{1}{2}(|i_3j_20_1n_0\rangle\langle i_3j_20_1n_0| - |i_3j_21_1n_0\rangle\langle i_3j_21_1n_0|) \\
I_2^z &= \frac{1}{2}(|i_30_2k_1n_0\rangle\langle i_30_2k_1n_0| - |i_31_2k_1n_0\rangle\langle i_31_2k_1n_0|) \\
I_3^z &= \frac{1}{2}(|0_3j_2k_1n_0\rangle\langle 0_3j_2k_1n_0| - |1_3j_2k_1n_0\rangle\langle 1_3j_2k_1n_0|)
\end{aligned} \tag{27.3}$$

が得られる. ここでは添え字 i_3, j_2, k_1, n_0 によって総和をとると仮定している. 同様にして, ハミルトニアンの式 (27.2) のなかの第 2 項を 4 スピンの基底状態 $|i_3j_2k_1n_0\rangle$ を用いて書くことができる.

$$\begin{aligned}
I_0^zI_1^z &= \frac{1}{2}(|0_0\rangle\langle 0_0| - |1_0\rangle\langle 1_0|)\cdot\frac{1}{2}(|0_1\rangle\langle 0_1| - |1_1\rangle\langle 1_1|) \\
&\to \frac{1}{4}(|i_3j_20_10_0\rangle\langle i_3j_20_10_0| + |i_3j_21_11_0\rangle\langle i_3j_21_11_0| - \\
&\qquad |i_3j_20_11_0\rangle\langle i_3j_20_11_0| - |i_3j_21_10_0\rangle\langle i_3j_21_10_0|)
\end{aligned} \tag{27.4}$$

その他の項 $I_i^zI_j^z$ についても同様の式が書ける. 次に, 4 つの基底状態に対する式のなかの添え字を省略する.

われわれはもう定常状態のエネルギーを見つけることができる. 状態 $|0000\rangle$ に対しては, エネルギー

$$E = E_0 = -\frac{\hbar}{2}\left(\sum_{k=0}^{3}\omega_k + \sum_{i,k=0}^{3}J_{ik}\right), \quad (i < k) \tag{27.5}$$

が得られる. 状態 $|0001\rangle$ 対しては,

$$E = E_0 + \hbar\left(\omega_0 + \sum_{k=1}^{3}J_{0k}\right) \tag{27.6}$$

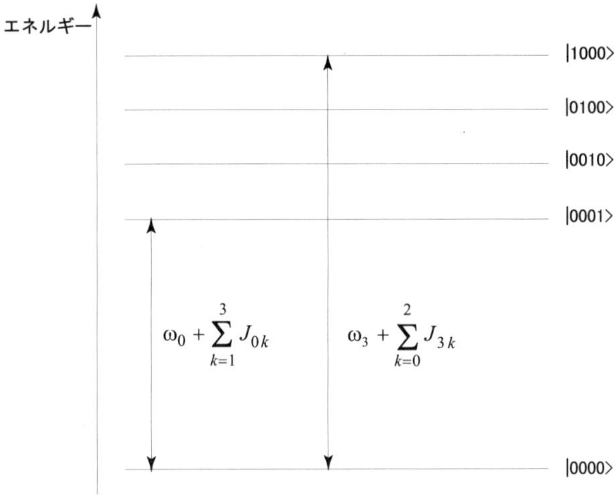

図 27.1　4 スピン系に対する最初の 5 つのエネルギー準位.

が得られる．状態 $|0010\rangle$, $|0100\rangle$, $|1000\rangle$ に対しては，それぞれ,

$$E = E_0 + \hbar\left(\omega_1 + \sum_{k=0}^{3} J_{1k}\right), \qquad (k \neq 1)$$

$$E = E_0 + \hbar\left(\omega_2 + \sum_{k=0}^{3} J_{2k}\right), \qquad (k \neq 2)$$

$$E = E_0 + \hbar\left(\omega_3 + \sum_{k=0}^{2} J_{3k}\right) \tag{27.7}$$

が得られる．式 (27.7) では $J_{ik} = J_{ki}$ と仮定している．最初の 5 つのエネルギー準位を図 27.1 に示したが，そこでは $\omega_n < \omega_{n+1}$ と仮定している．

ここで扱っている系のハミルトニアンの式 (27.2) には，回転磁場によって現れる非対角要素も含まれている〔式 (27.2) の第 3 項〕．非対角要素を導出するために，対角要素について行ったのと同様にして，演算子 I_m^x の式 (12.10),

$$I_m^x = \frac{1}{2}(|0_m\rangle\langle 1_m| + |1_m\rangle\langle 0_m|)$$

を基底状態 $|ijkn\rangle$ を用いて書かねばならない．そこで，

$$I_0^x = \frac{1}{2}(|ijk0\rangle\langle ijk1| + |ijk1\rangle\langle ijk0|)$$
$$I_1^x = \frac{1}{2}(|ij0n\rangle\langle ij1n| + |ij1n\rangle\langle ij0n|)$$
$$I_2^x = \frac{1}{2}(|i0kn\rangle\langle i1kn| + |i1kn\rangle\langle i0kn|)$$
$$I_3^x = \frac{1}{2}(|0jkn\rangle\langle 1jkn| + |1jkn\rangle\langle 0jkn|) \tag{27.8}$$

が得られる．

最終的に，

$$|0000\rangle \to |0\rangle,\quad |0001\rangle \to |1\rangle,\quad |0010\rangle \to |2\rangle,$$

等の 10 進数記法に変換する．そこで，式 (27.2) のハミルトニアンによって $|0000\rangle\langle 0000|$ の係数を結合させれば，式 (27.5) によって行列要素 $\mathcal{H}_{00} = E_0$ が得られる．行列要素 $\mathcal{H}_{11}$ は式 (27.6) によって得られる．行列要素 $\mathcal{H}_{22}$, $\mathcal{H}_{44}$, $\mathcal{H}_{88}$ は式 (27.7) によって得られる，等々．同様にして，$|0000\rangle\langle 0001|$ における係数を結合させれば，非対角要素，

$$\mathcal{H}_{01} = -\frac{\hbar}{2}\Omega_0 \tag{27.9}$$

が得られる．同様にして他の非対角行列要素が得られる．たとえば，$n < 14$ に対する偶数 n については $\mathcal{H}_{n,n+1} = \mathcal{H}_{01}$ が得られる．$0 \le k \le 7$ のすべての k に対して，

$$\mathcal{H}_{k,k+8} = -\frac{\hbar}{2}\Omega_3 \tag{27.10}$$

等が得られる．ハミルトニアンはエルミート行列なので，実数の非対角要素に対しては，$\mathcal{H}_{ik} = \mathcal{H}_{ki}$ が得られる．

もう密度行列の行列要素に対する運動方程式を書く準備ができている．次のように置く．

$$\rho = \rho_\infty + (\beta/16)r, \qquad \beta = \hbar\sum_{k=0}^{3}\omega_k/4k_BT \tag{27.11}$$

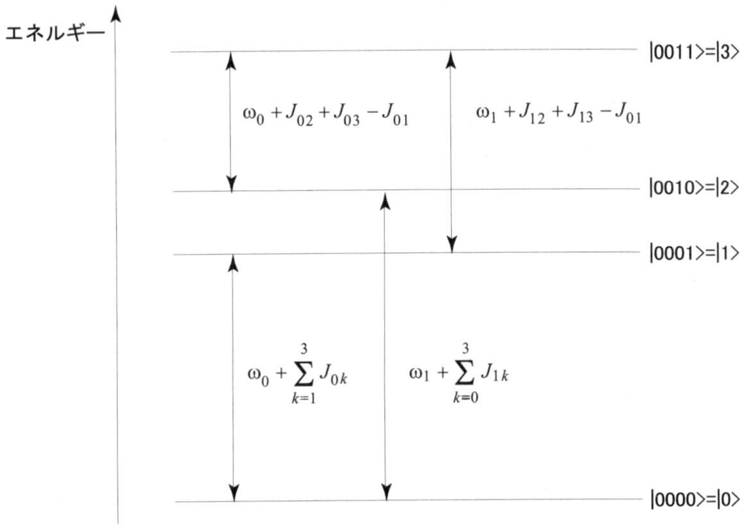

図 27.2　状態 $|00ij\rangle$ に対する 1 スピン遷移のエネルギー準位と周波数.

ここで，以前のように，$\rho_\infty = E/16$ は無限温度に対応する密度行列である．式 (16.5) から行列要素 r_{ik} に対して次の方程式が得られる．

$$i\hbar\dot{r}_{ik} = \mathcal{H}_{in}r_{nk} - r_{in}\mathcal{H}_{nk}, \qquad 0 \le i, k \le 15 \tag{27.12}$$

ここで r_{00} および r_{01} に対する方程式を明示的に表そう．

$$\begin{aligned}-2i\dot{r}_{00} &= \Omega_0(r_{10} - r_{01}) + \Omega_1(r_{20} - r_{02}) + \Omega_2(r_{40} - r_{04}) + \Omega_3(r_{80} - r_{08}) \\ -2i\dot{r}_{01} &= (2/\hbar)(E_1 - E_0)r_{01} + \Omega_0(r_{11} - r_{00}) + \Omega_1(r_{21} - r_{03}) + \\ &\qquad \Omega_2(r_{41} - r_{05}) + \Omega_3(r_{81} - r_{09})\end{aligned} \tag{27.13}$$

ここで E_1 は状態 $|0001\rangle$ のエネルギーである．

さてこれから，状態 $|00ij\rangle$ の間だけで 1 つのスピンの遷移を誘導すると仮定しよう．対応するエネルギー準位と周波数が図 27.2 に示されている．図 27.2 に示した周波数の電磁パルスを加えるならば，この図に示された遷移だけが誘導できる．このため著しく変化する密度行列 (または行列 r) の行列要

素だけを挙げると次のようになる．

$$
\begin{array}{llll}
r_{00}, & r_{11}, & r_{22}, & r_{33}, \\
r_{01}, & r_{02}, & r_{23}, & r_{13}, \\
r_{10}, & r_{20}, & r_{32}, & r_{31}.
\end{array}
\tag{27.14}
$$

非対角行列要素の r_{01} および r_{10} は，スピン C が基底状態にあるときのスピン D の方向の変化に対応している．行列要素の r_{02} および r_{20} は，スピン D が基底状態にあるときのスピン C の反転を記述している，等々．この 4 つのすべての遷移はスピン A と B の基底状態に対応している．

次に式 (27.13) を考えよう．ここで扱っている場合については，式 (27.14) 以外のすべての非対角項は無視でき，式 (27.13) を，

$$
\begin{aligned}
-2i\dot{r}_{00} &= \Omega_0(r_{10} - r_{01}) + \Omega_1(r_{20} - r_{02}) \\
-2i\dot{r}_{01} &= (2/\hbar)(E_1 - E_0)r_{01} + \Omega_0(r_{11} - r_{00})
\end{aligned}
\tag{27.15}
$$

のように書き換えることができる．同様の近似方程式を式 (27.14) の行列要素のすべてに対して書くことができる．その他の行列要素を切り捨てたために，これらの方程式は対応する 2 スピン系の方程式との違いがない．

さて，4 スピン系の初期の密度行列が表 26.1 の第 3 行に対応した対角要素を持つと仮定しよう．このとき，式 (27.14) の行列要素の，初期条件は式

$$
r_{00}(0) = 2,\ \ r_{ik}(0) = 0,\ \ (i, k = 0, 1, 2, 3),\ \ (i, k) \neq (0, 0) \tag{27.16}
$$

によって与えられる．式 (27.14) の行列要素に対する近似方程式は，初期条件の式 (27.15) と結合していて，ゼロ温度において「純粋な」2 スピン系が初期に基底状態を占有している場合と違わない（ただし定数の精度を含んでいる）．そのため，もし行列 r が式 (27.16) で与えられる初期状態の行列要素 r_{ik} $(i, k = 0, 1, 2, 3)$ を持つように，もとの密度行列を変換できるならば，室温における 4 スピン系から 2 スピン系の副集団を使った量子論理が実現できる．

第28章 望ましい密度行列の獲得

次に，前章末に述べた変換をどのように作るかということについて議論しよう．

$$a_{iknm}|iknm\rangle\langle iknm| \rightarrow a'_{iknm}|iknm\rangle\langle iknm| \tag{28.1}$$

ここでは添え字 i,k,n,m によって総和をとることを仮定し，a_{iknm} は表26.1の2行目の数字であり，a'_{iknm} は表26.1の3行目の数字である．因子 $\beta/16$ を無視すれば，これらの数字は差分行列の対角要素を表している．この変換を実現するために，Gershenfeld と Chuang[29] は次の CN ゲートによる連続変換（GC 連続変換）をもとの密度行列の式 (26.16) に作用させた．

$$GC = \mathtt{CN}_{02}\mathtt{CN}_{12}\mathtt{CN}_{21}\mathtt{CN}_{20} \tag{28.2}$$

この連続変換の作用について調べるために，まず最初にユニタリ演算子 U を作用することによる密度行列の変換について考えよう．波動関数，

$$\Psi = \sum c_n|n\rangle \tag{28.3}$$

を考えよう．ユニタリ演算子 U を作用した後には，新しい波動関数，

$$\Psi' = \sum c'_n|n\rangle \tag{28.4}$$

が得られる．ここで新係数 c'_n は旧係数 c_n によって次のように表される．

$$c'_n = U_{nk}c_k \tag{28.5}$$

ここで繰り返している添え字については総和をとると仮定している．ユニタリ変換 U をした後の新しい密度行列の行列要素は，

$$\rho'_{nm} = c'_n c'^*_m = U_{nk}c_kU^*_{mp}c^*_p = U_{nk}U^\dagger_{pm}c_kc^*_p = U_{nk}\rho_{kp}U^\dagger_{pm} \tag{28.6}$$

と表せる．ここで記法，

$$\rho_{nm} = c_n c_m^*, \qquad U_{pm}^\dagger = U_{mp}^* \tag{28.7}$$

を使った．式 (28.6) は密度行列の変換についてよく知られた量子力学の式を表している．

$$\rho' = U\rho U^\dagger \tag{28.8}$$

ここでは式 (28.2) の $U = GC$ になる．

たとえば，GC 連続変換による式 (26.16) の最後項への作用について調べよう．もとの行列は因子 $-\beta/8$ の $M_0 = |1_3 1_2 1_1 1_0\rangle\langle 1_3 1_2 1_1 1_0|$ である．そこで，式 (28.2) のなかの最初のゲートを作用させることによってこの行列の変換を見つけよう．

$$\begin{aligned} \mathtt{CN}_{20} &= |0_2 0_0\rangle\langle 0_2 0_0| + |0_2 1_0\rangle\langle 0_2 1_0| + |1_2 1_0\rangle\langle 1_2 0_0| + |1_2 0_0\rangle\langle 1_2 1_0| \\ \mathtt{CN}_{20}^\dagger &= \mathtt{CN}_{20} \end{aligned} \tag{28.9a}$$

そして，

$$\begin{aligned} M_1' &= \mathtt{CN}_{20} M_0 = \mathtt{CN}_{20} \cdot |1_3 1_2 1_1 1_0\rangle\langle 1_3 1_2 1_1 1_0| = |1_3 1_2 1_1 0_0\rangle\langle 1_3 1_2 1_1 1_0| \\ M_1 &= M_1' \mathtt{CN}_{20}^\dagger = |1_3 1_2 1_1 0_0\rangle\langle 1_3 1_2 1_1 0_0| \end{aligned} \tag{28.9b}$$

が得られる．$\mathtt{CN}_{20}$ による行列 $|i_3 j_2 n_1 k_0\rangle\langle i_3 j_2 n_1 k_0|$ への作用は次のようになることがわかる．もし $j = 0$ ならば，この行列は変化しない．もし $j = 1$ ならば，

$$|ijnk\rangle\langle ijnk| \to |ijn\bar{k}\rangle\langle ijn\bar{k}| \tag{28.10}$$

となる．ここで $\bar{k}$ は k の「補数」を意味する（$\bar{0} = 1$，$\bar{1} = 0$）．そのため，CN ゲートによる密度行列への作用は量子状態への作用と似ている．$\mathtt{CN}_{21}$ ゲートを作用させた後には，

$$M_2 = \mathtt{CN}_{21} M_1 \mathtt{CN}_{21}^\dagger = |1_3 1_2 0_1 0_0\rangle\langle 1_3 1_2 0_1 0_0| \tag{28.11}$$

が得られる．$\mathtt{CN}_{12}$ および $\mathtt{CN}_{02}$ の場合には制御キュービットはそれぞれ $|0_1\rangle\langle 0_1|$ および $|0_0\rangle\langle 0_0|$ であるので，これを作用させた後には行列 M_2 は変わらない．

そのため，行列 $|1_3 1_2 1_1 1_0\rangle\langle 1_3 1_2 1_1 1_0|$ は行列 $|1_3 1_2 0_1 0_0\rangle\langle 1_3 1_2 0_1 0_0|$ に変換する．これは表 26.1 に対応している（第 2 行の最終列と第 3 行の最終から 4 番目の列を比較しなさい）．同様にして，たとえば式 (26.16) の第 2 項を考え，GC 連続変換の式 (28.2) を作用させることにより次の変換が得られる．

$$\begin{aligned}
&0.\quad M_0 = |0_3 0_2 0_1 1_0\rangle\langle 0_3 0_2 0_1 1_0| \\
&1.\quad M_1 = \mathtt{CN}_{20} M_0 \mathtt{CN}_{20}^{\dagger} = M_0 \\
&2.\quad M_2 = \mathtt{CN}_{21} M_0 \mathtt{CN}_{21}^{\dagger} = M_0 \\
&3.\quad M_3 = \mathtt{CN}_{12} M_0 \mathtt{CN}_{12}^{\dagger} = M_0 \\
&4.\quad M_4 = \mathtt{CN}_{02} M_0 \mathtt{CN}_{02}^{\dagger} = |0_3 1_2 0_1 1_0\rangle\langle 0_3 1_2 0_1 1_0|
\end{aligned} \tag{28.12}$$

この変換もまた表 26.1 に対応している．同様にして，他のすべての変換について調べることができる．

したがって，CN ゲートからなる GC 連続変換を使えば，もとの密度行列は状態 $|0_3 0_2 j_1 j_0\rangle$ にあるスピンの副集団を記述する密度行列に変換し，この密度行列の時間発展は初期に基底状態が占有されている 2 スピン系の集団の時間発展に一致する．同様にして，6 スピンの鎖から実効的な 3 スピンの「純粋な」量子系が得られる，等々[29]．2 スピンの実効的な系は 2 つのキュービットゲートの実装として使える．おそらく，量子計算にとっては，より大きい実効的な系が，都合がよいであろう．

現在，そのような実験が液体のなかの多原子分子によって行えると期待されている．大きな分子には弱く相互作用している核スピン（通常は陽子）が含まれ，これらの核スピンには化学構造に依存したわずかな周波数差がある．分子間の相互作用は非常に小さく，緩和時間は異常に長い（平均スピンの横成分の緩和時間に相当する最も短い時間は 1 秒のオーダーである）．スピンの周波数差は非常に小さいので，特に複雑な連続パルスがスピンを操作するのに使えると期待されている．そのため，最初の量子計算は強力なイオントラップのなかではなく，Gary と Taubes[31] が述べているように，1 杯のコーヒーのなかで行われるということは否定できない．

第29章
まとめ

ここでは現在の量子計算の段階についてわれわれのビジョンを示す.「はじめに」では将来のコンピュータの設計について2つの主要な方向があることを述べた. そのうちの1つはデジタルコンピュータと関連しており, 電気伝導にもとづいている. 他の方向, つまり量子計算は量子コンピュータの開発と関連しており, 主に電磁パルスと原子核や原子系との共鳴相互作用にもとづいている. 量子計算の出力を単純な変数で表せば,「電圧がある」(これは「1」を表す) と「電圧がない」(これは「0」を表す) の連続データである. 量子計算の実装についての別の提案には, たとえば, 結合した単一電子量子ドットのスピン状態を用いるものがある [65]. これらの系は共鳴パルスを使わないので, 量子計算にとって非常に重要になるであろう.

デコヒーレンスの問題は本書では述べなかった. これは量子コンピュータを物理的に実現するためには大きな障害である. キュービットのエンタングルは分解できない2つのキュービットの重ね合わせである. 閉じた系ではこれは不定で重ね合わせのまま不確定になるであろう. しかしどのような系も閉じておらず, この壊れやすい状態は周辺との相互作用により崩壊する. キュービットの対は非同調になる. 初期に見積られたコヒーレンス時間は失望するものであったが, 新しい系ではもっと長いデコヒーレンス時間が提案されているようである [38]. 量子計算は長いコヒーレンス時間を持つ物質を探究するため, 物質科学の新しい方向を鼓舞するかもしれない.

キュービットが重ね合わせになっている場合, それは量子コンピュータを記述するハミルトニアンの固有状態にはない. したがってそれのダイナミックスが重要になる. このことによりダイナミックス系と量子計算との関係が確立する．量子計算に使われるほとんどのモデルは量子カオス系である．これは古典系で扱われるならばカオスという意味である．量子コンピュータの物理的な実現に対しては，ダイナミックスの過程が理解されねばならないとわれわれは感じている．ダイナミックス系における最近の発展により量子計算のダイナミックスという新しい分野が開拓できる道具が得られるようになった．

これまでの，量子計算にはいくつかの重要な成果，すなわち最初の量子アルゴリズム，最初の誤り訂正符号，2 つの量子論理の非常に有望な手法（イオントラップにおける冷却イオン，分子における原子核スピン）がある．最も重要な将来のステップは量子論理を実験的に実装することである．現実の量子論理ゲートでは，任意の重ね合わせ状態の正確な変換を，複素振幅の大きさと位相の両方を考慮に入れて，実証されなければならない．量子計算のすべての困難が克服される可能性はある．ここ 2 ～ 3 年の予期せぬ発見はわれわれを楽観的に感じさせるのである．

参考文献

[1] M.A. Kastner, *Rev. Mod. Phys.*, **64**, (1992) 849.

[2] F.A. Buot, *Phys. Rep.*, **234**, (1993) 73.

[3] K.Yano, T.Ishii, T. Hashimoto, T. Kobayashi, F. Murai, K. Seki, *IEEE Transactions on Electron Devices*, **41**, (1994) 1628.

[4] S. Tiwari, F. Rana, H. Hanafi, A. Hartstein, E.F. Crabbé, K. Chan, *Appl. Phys. Lett.*, **68**, (1996) 1377.

[5] D. Goldhaber-Gordon, M.S. Montemerdo, J.C. Love, G.J. Opiteck, J.C. Ellenbogen, *Proceedings of the IEEE*, **85**, (1997) 521.

[6] R.F. Service, *Science*, **275**, (1997) 303.

[7] L. Guo, E.Leobandung, S.Y. Chou, *Science*, **275**, (1997) 649.

[8] A. Aviram, *Int. J. Quantum Chem.*, **42**, (1992) 1615.

[9] S.V. Subramanyam, *Current Sci.*, **67**, (1994) 844.

[10] M. Dresselhaus, *Phys. World*, **9**, (1996) 18.

[11] L. Kouwenhoven, *Science*, **275**, (1997) 1896.

[12] R. Landauer, *IBM J. Res. Develop.*, **5**, (1961) 183.

[13] C.H. Bennett, *IBM J. Res. Develop.*, **17**, (1973) 525.

[14] T. Toffoli, In:*Automata, Languages and Programming*, Eds J.W. de Bakker, J. van Leeuwen, Springer-New York, (1980), p.632.

[15] P. Benioff, *J. Stat. Phys.*, **22**, (1980) 563; *J. Stat. Phys.*, **29**, (1982) 515.

[16] R.P. Feynman, *Int. Journal of Theor. Phys.*, **21**, (1982) 467; *Opt. News*, **11**, (1985) 11.

[17] D. Deutsch, *Proc. R. Soc. London, Ser. A*, **425**, (1989) 73.

[18] S. Lloyd, *Science*, **261**, (1993) 1569.

[19] P. Shor, *Proc. of the 35th Annual Symposium on the Foundations of Computer Science, IEEE, Computer Society Press*, New York, (1994), p.124.

[20] A. Barenco, C.H. Bennett, R. Cleve, D.P. DiVincenzo, N. Margolus, P. Shor, T. Sleator, J. Smolin, H. Weinfurter, *Phys. Rev. A*, **52**, (1995) 3457.

[21] J.I. Cirac, P. Zoller, *Phys. Rev. Lett.*, **74**, (1995) 4091.

[22] C. Monroe, D.M. Meekhof, B.E. King, W.M. Itano, D.J. Wineland, *Phys. Rev. Lett.*, **75**, (1995) 4714.

[23] R.J. Hughes, D.F. James, J.J. Gomez, M.S. Gulley, M.H. Holzscheiter, P.G. Kwiat, S.K. Lamoreaux, C.G. Peterson, V.D. Sandberg, M.M. Schauer, C.E. Thorburn, D. Tupa, P.Z. Wang, A.G. White, LA-UR-97-3301, quant-ph/9708050.

[24] Q.A. Turchette, C.J. Hood, W.Lange, H.Mabuchi, H.J. Kimble, *Phys. Rev. Lett.*, **75**, (1995) 4710.

[25] P.W. Shor, *Phys Rev. A*, **52**, (1995) R2493.

[26] L.K. Grover, *Proceedings, STOC*, 1996, pp.212-219.

[27] L.K. Grover, *Phys. Rev. Lett.*, **79**, (1997) 325.
G. Brassard, *Science*, **275**, (1997) 627.
G.P. Collins, *Physics Today*, October, (1997) 19.

[28] N. Gershenfeld, I. Chuang, S. Lloyd, *Phys. Comp. 96, Proc. of the Fourth Workshop on Physics and Computation*, 1996, p.134.

[29] N.A. Gershenfeld, I.L. Chuang, *Science*, **275**, (1997) 350.

[30] D.G.Cory, A.F.Fahmy, T.F.Havel, *Phys. Comp. 96, Proc. of the Fourth Workshop on Physics and Computaion*, 1996, p.87; *Proc. Natl. Acad. Sci. USA*, **94**, (1997) 1634.

[31] G. Taubes, *Science*, **275**, (1997) 307.

[32] R. Laflamme, E. Knill, W.H. Zurek, P. Catasti, S. Velupillai, quant-ph/9769025.

[33] I.L. Chuang, R. Laflamme, P.W. Shor, W.H. Zurek, *Science*, **270**, (1995) 1633.

[34] W.H. Zurek, J.P. Paz, *Il Nuovo Cimento*, **110B**, (1995) 611.

[35] S. Lloyd, *Scientific American*, **273**, (1995) 140.

[36] C.H. Bennett, *Physics Today*, **48**, Octorber (1995) 24.

[37] C.H. Bennett, D.P.DiVincenzo, *Nature*, **377**, (1995) 389.

[38] D.P. DiVincenzo, *Science*, **270**, (1995) 255.

[39] A.E. Ekert, R. Jozsa, *Rev. Mod. Phys.*, **68**, (1996) 733.

[40] C. Williams and S. Clearwater, *Explorations in Quantum Computing*, Springer-Verlag, 1997.（C.P. ウィリアムズ，S.H. クリアウォータ共著：

『量子コンピューティング　―量子コンピュータの実現に向けて―』，西野哲朗，荒井隆，渡邉昇共訳，シュプリンガー・フェラーク東京，2000）

[41] D. DiVincenzo, E. Knill, R. Laflamme, and W. Zurek, eds., Proceedings of the ITP Conference on Quantum Coherence and Decoherence, published in *Proc. of the Royal Society of London*, **454** (1998) 257-486.

[42] D. Deutsch, Artur Ekert, *Physics World*, **11** (1998) 47.

[43] D. DiVincenzo, B. Terhal, *Physics World*, **11** (1998) 53.

[44] A.M. Turing, *Proc. Lond. Math. Soc., Sec. 2*, **43**, (1936) 544.

[45] I. Adler, *Thinking Machines*, The John Day Company, New York, 1974.

[46] R.P. Feynman, *Feynman Lectures on Computation*, Addison-Wesley Publishing Company, 1996.（A. ヘイ，R. アレン編：『ファインマン計算機科学』，原康夫，中山健，松田和典共訳，岩波書店，1999）

[47] E. Fredkin, T.Toffoli, *Inter. J. Theor. Phys.*, **21**, (1982) 219.

[48] J.J. Sakurai, *Modern Quantum Mechanics*, Addison-Wesley Publishing Company, 1995.（桜井純著：『現代の量子力学』上下巻，段三孚編，桜井明夫訳，吉岡書店，1989）

[49] W. Paul, *Rev. Mod. Phys.*, **62**, (1990) 531.

[50] M.G. Raizen, J.M. Gilligan, J.C. Bergquist, W.M. Itano, D.J. Wineland, *Phys. Rev. A*, **45**, (1992) 6493.

[51] H. Walther, *Adv. in At. Mol. and Opt. Phys.*, **32**, (1994) 379.

[52] G.P. Berman, G.D. Doolen, G.D. Holm, V.I. Tsifrinovich, *Phys. Lett. A*, **193**, (1994) 444.

[53] A. Barenco, D. Deutsch, A. Ekert, R. Jozsa, *Phys. Rev. Lett.*, **74**, (1995) 4083.

[54] G.P. Berman, D.K. Campbell, G.D. Doolen, G.V. López, V.I. Tsifrinovich, *Physica B*, **240**, (1997) 61.

[55] G.P. Berman, D.K. Campbell, V.I. Tsifrinovich, *Phys. Rev. B*, **55**, (1997) 5929.

[56] K.N. Alekseev, G.P. Berman, V.I. Tsifrinovich, A.M. Fishman, *Sov. Phys. Usp.*, **35**, (1992) 572.

[57] T. Sleator, H. Weinfurter, *Phys. Rev. Lett.*, **75**, (1995) 4087.

[58] *Cavity Quantum Electrodynamics*, Ed. P.A. Berman, *Academic Press*, New York, 1994.

[59] N.F. Ramsey, *Molecular Beams, Oxford University Press*, 1985.

[60] R. Landauer, *Philos. Trans. R. Soc. London*, **353**, (1995) 367.

[61] A. Steane, *Proc. R. Soc. London, Se. A*, **452**, (1996) 2551.

[62] R. Laflamme, C. Miquel, J.P. Paz, W.H. Zurek, *Phys. Rev. Lett.*, **77**, (1996) 198.

[63] G.P. Berman, G.D. Doolen, G.V. López, V.I. Tsifrinovich, `quant-ph/9802013`.

[64] G.P. Berman, G.D. Doolen, G.V. López, V.I. Tsifrinovich, `quant-ph/9802016`.

[65] D. Loss, D.P. DiVincenzo, *Phys. Rev. A* **57**, (1998), 120. また, `cond-mat/9701055`, 1997.

[66] W.G. Unruh, *Phys. Rev. A*, **51** (1995) 992.

訳者あとがき

量子コンピュータは現在のコンピュータが近い将来に遭遇する限界を克服し，ブレークスルーを起こすことが期待されているまったく新しい概念を持つコンピュータである．この画期的なアイデアは 1980 年代の初期に物理学者の Feynman 等によって別々に提案された．現在ではその研究が現実味をおび，ナノテクノロジーと関連した話題が盛んになってきている．この新しい研究領域へのアプローチには，情報工学と物理学との両面性がある．本書はこの両分野の研究者や学生のために量子コンピュータの原理について基本的で主要な事柄を解説している．

本書は 29 章に細かく分けられているので，それらの関連性について少し補足しておきたい．古典的なデジタルコンピュータに対しては，現在のコンピュータを理想化した数学的モデルであるチューリング機械（第 2 章），論理代数（第 3 章），論理ゲートとその電気回路による実装（第 7 章），論理ゲートのトランジスタによる実装（第 8 章）についての説明がある．

量子コンピュータが重要な点は，単にデバイスの集積度を上げて高密度にすることではなく，今までのコンピュータでは計算するのに膨大な時間（宇宙の年齢以上）がかかってしまうと考えられている問題が解けることである．その問題の典型的なものはインターネットで使われている RSA 公開鍵暗号であり，これは量子コンピュータを使えば「ショアのアルゴリズム」によって解読することができる．

公開鍵暗号が解読できないことは整数 N の因数分解が，古典的デジタルコンピュータでは効率的でないことにもとづいているが，量子計算では，ショアのアルゴリズムを使えばこの因数分解が効率的になる (第 6 章)．ショアのアルゴリズムの手順は次のようなものである．

1. 整数 y（$1 < y < N$）を N の最大公約数が 1 となるようにランダムに選ぶ．
2. 関数 $f(x) = y^x (\mathrm{mod}\ N)$，$x = 0, 1, 2, 3, \cdots$ の周期 T を見つける．
3. $z = y^{T/2}$ を計算する．
4. 最大公約数 $\gcd(z-1, N), \gcd(z+1, N)$ を求めると，$(z-1)(z+1) = 0$ $(\mathrm{mod}\ N)$ より $z-1$, $z+1$ は N の因数である．

ここで，最大公約数を求めることについてはユークリッドの互除法とよばれるアルゴリズム（効率的）によって，古典的デジタルコンピュータで計算可能である．そこで，問題は「ステップ 2」の周期 T を見つけることであるが，離散的なフーリエ変換による量子干渉効果を利用することで，これが可能である．このため，第 5 章ではまず離散的なフーリエ変換の演算子を明確に示し，さらに，この演算に必要な A_j 演算子と B_{jk} 演算子が，キュービット回転によって実装できることが第 13 章と第 14 章でそれぞれ述べられている．ここで，キュービット回転は一様磁場中での単一の陽子スピンの歳差運動に共鳴する横方向磁場（パルス）を加えることにより，実現できる（第 12 章，第 15 章）．

離散的なフーリエ変換の物理的な実装については，イオントラップ型量子コンピュータの研究を第 17～18 章で解説し，さらに，$^9\mathrm{Be}^+$ イオンを使ったイオントラップと，量子電磁キャビティによる，CN ゲートの実験が第 23 章で紹介している．ある論理ゲートによって他のすべての論理ゲートが作れるとき，その論理ゲートを万能とよんでいるが，量子論理ゲートでは，CN ゲートとキュービット回転の組が万能である（第 9～10 章）．イオントラップの実験では，CN ゲートの代わりに CZ ゲートを用い，CZ ゲートとキュービット回転の組が使われる．

別の物理的な実装として，核スピンの鎖による CN ゲートおよび F ゲートが第 20～21 章で紹介されている．核スピンの鎖に対して π パルスを加えたときに隣接スピン環境が異なることによって起こる非共鳴作用が誤差を生じる原因となりうるが，この影響の計算とそれを避ける手法が次の第 22 章で解説されている.

量子コンピュータの研究で最も重要な成果の 1 つである「誤り訂正」のアルゴリズムが 3 準位系による冗長性を用いた手法によって説明されている（第 24 章）.

より現実的な問題として，有限温度での分子集団を用いた量子論理ゲートの実現可能性についての議論がされているが，室温での 2 スピン分子集団による論理ゲートができないことが示される（第 26 章）. さらに，4 スピン分子集団については，密度行列をユニタリ変換することによって相互作用する 2 スピン系として扱うことができ，量子論理ゲートが実現できることが示されている（第 27 章）. ここで，この密度行列のユニタリ変換は，CN ゲートからなる連続変換（GC 変換）によって作れる（第 28 章）.

本書は，それぞれの章において内容がうまくまとめられ，分かりやすい説明になっていて，数式表現や導出過程なども丁寧に解説している. 後半の章では最近の重要な研究成果を選択し，基礎原理と関連させて明瞭に述べている. そのため，量子コンピュータに興味を持つ学生や研究者にとって最適の入門テキストと言えるであろう. 本書を糧として研究が促進し，量子コンピュータの実現ばかりでなく，基礎的な量子現象に深い認識が加えられることを期待している.

最後に，本書の翻訳を快諾してくださった著者ゲナディ・P・ベルマン博士，出版社 World Scientific 社および日本語版出版にご協力下さったパーソナルメディア（株）編集部に心から感謝いたします.

2002 年 7 月

松田 和典

索　　引

■著者紹介

ゲナディ・P・ベルマン（Gennady P. Berman）

ゲナディ・P・ベルマン博士は，ロスアラモス国立研究所の理論部門のメンバーであり，古典および量子力学系，カオス力学およびその磁場やメゾスコピック系への応用についての専門家である．博士は古典および量子力学系，量子計算についてのナノテクノロジーやダイナミックス，およびその他の分野において130以上の研究論文を発表している．
著書に“*Quantum Chaos : A Harmonic Oscillator in Monochromatic Wave*（2001）”，“*Crossover-Time in Quantum Boson and Spin Systems*（1994）”（いずれも共著）がある．

ゲーリー・D・ドーレン（Gary D. Doolen）

ゲーリー・D・ドーレン博士は，ロスアラモス国立研究所の非線形研究センターのセンター長代行であり，1975年に職員となって以来，博士の研究は，核物理学，原子物理学，プラズマ物理学，熱核反応制御，非線形数学といった広い範囲にわたっている．博士は国立科学アカデミー・国立研究評議会，ゴダート宇宙航空センターに研究副手，テキサスA&M大学で準教授を歴任した．ドーレン博士はプルード大学から物理学の学位を受けている．

ロンニエ・マイニエリ（Ronnie Mainieri）

ロンニエ・マイニエリ博士はロスアラモス国立研究所の技術系職員で，物理学研究所の研究員でもある．博士の最近の興味は複雑系やサイクル・エクスパンションに関するモデリングである．マイニエリ博士はNATOおよびフルブライトの奨学金給費による研究員であった．

ウラジミール・I・チフリノビッチ（Vladimir I. Tsifrinovich）

ウラジミール・I・チフリノビッチ博士は，ニューヨークの工芸大学の物理学講師であり，量子計算，スピンダイナミックス，磁気学および磁気共鳴の専門家である．博士は量子計算，磁気共鳴，およびその他の分野において100以上の研究論文を発表している．
著書に“*Calculation of the Echo Signals*（1996）”，共著に“*Nuclear signals in magnetically ordered materials*（1993）”がある．

■訳者略歴

松田　和典（まつだ　かずのり）

工学博士。

1982年　筑波大学大学院修士課程理工学研究科修了

同年　東芝NAIG総合研究所研究員

1992年　鳴門教育大学助教授

現在に至る。

入門量子コンピュータ

2002年9月10日　初版1刷発行

著　者　ゲナディ・P・ベルマン
ゲーリー・D・ドーレン
ロンニエ・マイニエリ
ウラジミール・I・チフリノビッチ

訳　者　松田　和典

発行所　パーソナルメディア株式会社
〒142-0051　東京都品川区平塚1-7-7 MYビル
TEL　(03) 5702-0502
FAX　(03) 5702-0364
E-mail　pub@personal-media.co.jp
振替　00140-6-105703

印刷・製本　日経印刷株式会社

ISBN4-89362-192-0 C3055